Deepak More
Digvijay Powar

Avaliação e comparação do desempenho do frigorífico

Deepak More
Digvijay Powar

Avaliação e comparação do desempenho do frigorífico

Utilização de diferentes tipos de materiais isolantes e de diferentes tipos de fluidos frigorigéneos

Imprint

Any brand names and product names mentioned in this book are subject to trademark, brand or patent protection and are trademarks or registered trademarks of their respective holders. The use of brand names, product names, common names, trade names, product descriptions etc. even without a particular marking in this work is in no way to be construed to mean that such names may be regarded as unrestricted in respect of trademark and brand protection legislation and could thus be used by anyone.

Cover image: www.ingimage.com

This book is a translation from the original published under ISBN 978-620-7-65182-5.

Publisher:
Sciencia Scripts
is a trademark of
Dodo Books Indian Ocean Ltd. and OmniScriptum S.R.L publishing group

120 High Road, East Finchley, London, N2 9ED, United Kingdom
Str. Armeneasca 28/1, office 1, Chisinau MD-2012, Republic of Moldova, Europe
Printed at: see last page
ISBN: 978-620-7-71797-2

CAPÍTULO 1

INTRODUÇÃO

Introdução:

A refrigeração é o processo de remoção de calor do sistema em condições controladas. É também o processo de redução e manutenção da temperatura do sistema abaixo da temperatura ambiente. O frigorífico é um aparelho de refrigeração que inclui um compartimento isolado termicamente e um sistema de refrigeração é um sistema que produz um efeito de arrefecimento no compartimento isolado. A refrigeração é uma tecnologia que dá um contributo importante para a humanidade de muitas formas, incluindo a preservação dos alimentos, o controlo da qualidade do ar interior, a liquefação de gases e o controlo de processos industriais, a produção de alimentos e bebidas e o arrefecimento de computadores. Sem a refrigeração, a vida moderna seria impossível.

Entretanto, a refrigeração é definida como um processo de remoção de calor de um espaço ou substância e de transferência desse calor para outro espaço ou substância. Atualmente, os frigoríficos são muito utilizados para armazenar alimentos que se deterioram à temperatura ambiente; a deterioração provocada pelo crescimento de bactérias e outros processos é muito mais lenta em frigoríficos com temperaturas baixas. No processo de refrigeração, o fluido de trabalho utilizado como absorvente de calor ou agente de arrefecimento é designado por refrigerante. O refrigerante absorve o calor evaporando a baixa temperatura e pressão e remove o calor condensando a uma temperatura e pressão mais elevadas. À medida que o calor é removido do espaço refrigerado, a área parece tornar-se mais fresca. O processo de refrigeração ocorre num sistema que inclui um compressor, um condensador, um capilar e um evaporador. A tecnologia de refrigeração é amplamente utilizada em vários sectores, como o manuseamento e armazenamento de alimentos, ar condicionado, manuseamento e armazenamento de medicamentos, preservação de espécies históricas e extintas, processos industriais e aplicações de investigação. A refrigeração, que consiste em tornar ou manter as coisas frias, é um processo com uma vasta gama de aplicações no mundo moderno. Permite-nos conservar alimentos perecíveis e distribuí-los a grandes distâncias. É essencial em muitos processos de fabrico, incluindo a produção de alimentos e produtos farmacêuticos; existem muitos tipos de equipamento de refrigeração, desde os frigoríficos domésticos comuns. Todos eles funcionam com base no mesmo princípio: quando um sólido se liquefaz ou quando o ar comprimido se expande, absorve calor. A refrigeração pode ser conseguida através de diferentes métodos, como a refrigeração por gelo, a refrigeração por compressão de vapor, a refrigeração por absorção de vapor, a refrigeração por jato de vapor, a refrigeração por tubo de vórtice, etc. Atualmente, a maioria dos dispositivos de refrigeração funciona com base em ciclos de compressão de vapor. Nos sistemas de refrigeração que funcionam com base num ciclo de compressão de vapor, um fluido de trabalho ou refrigerante é utilizado ciclicamente. Numa parte do ciclo, o processo absorve energia do objeto que está a ser arrefecido e, noutra parte, a energia é dissipada para uma forma de dissipador de calor. No ciclo de compressão de vapor, o refrigerante muda a sua fase de líquido para vapor, absorvendo calor do espaço refrigerado e, quando este calor absorvido é rejeitado pelo refrigerante para o ambiente, o vapor é novamente convertido em líquido. Estes fluidos fornecem refrigeração ao sofrerem um processo de mudança de fase no evaporador. A eficiência termodinâmica de um sistema de refrigeração depende principalmente das suas temperaturas de funcionamento. No entanto, questões práticas importantes, como a conceção do sistema, a dimensão, os custos iniciais e de funcionamento, a segurança, a fiabilidade e a facilidade de manutenção, etc., dependem muito do tipo de fluido frigorigéneo selecionado para uma determinada aplicação. Devido a várias questões ambientais, como a destruição da camada de ozono e o aquecimento global e a sua relação com os vários fluidos frigorigéneos utilizados, a seleção de um fluido frigorigéneo adequado tornou-se uma das questões mais importantes nos últimos tempos. Assim, a utilização de refrigerantes alternativos pode melhorar o desempenho do frigorífico.

A refrigeração é um processo que consiste em manter o sistema a uma temperatura inferior à temperatura ambiente, ou seja, nada mais é do que a remoção de calor de um espaço a uma temperatura inferior à temperatura ambiente. Uma vez que existe um gradiente de temperatura entre o ar ambiente e o espaço refrigerado, o calor fluirá de uma temperatura elevada para uma temperatura baixa e, como o espaço refrigerado é mantido a uma temperatura baixa, o calor passará do ambiente para o espaço refrigerado. Assim, a fim de parar completamente este fluxo de calor do ar ambiente para o espaço refrigerado, é fornecido material isolante à volta do espaço refrigerado no frigorífico, este isolamento reduz o fluxo de calor. Como nenhum material de isolamento é perfeito e não pode parar completamente o fluxo de calor, uma pequena quantidade de calor flui sempre do ambiente para o espaço refrigerado. O calor que entra através do isolamento no espaço refrigerado tem de ser removido com a ajuda dos meios de trabalho do frigorífico.

A função de manter a baixa temperatura no espaço refrigerado é levada a cabo por vários subsistemas no frigorífico. O material de isolamento é um dos principais subsistemas. Assim, a seleção do material de isolamento adequado para o sistema de refrigeração é um fator significativo para melhorar o desempenho do sistema. O refrigerante flui no sistema e produz o efeito de arrefecimento no sistema. Mas este efeito de arrefecimento não será suficiente se houver uma fuga constante de calor do ambiente para o espaço de arrefecimento. Se houver uma fuga constante de calor para o espaço de arrefecimento, o frigorífico tem de trabalhar constantemente para remover este calor adicional, o que aumentará o trabalho do compressor necessário para a remoção do calor. Isto resulta num aumento do consumo de energia para a mesma carga térmica. Mas se o isolamento for adequado e não houver fugas de calor do ambiente para o espaço de refrigeração, o frigorífico só tem de trabalhar para remover o calor do espaço de refrigeração e não para as fugas de calor, o que reduzirá o consumo de energia do frigorífico. Por conseguinte, neste trabalho de dissertação propõe-se efetuar a avaliação das características de desempenho do frigorífico doméstico através de diferentes tipos de material isolante e da utilização de refrigerante ecológico no frigorífico doméstico. Este trabalho consiste na utilização de diferentes materiais isolantes para descobrir o efeito destes diferentes materiais isolantes na transferência de calor do ambiente para o espaço refrigerado e no desempenho do frigorífico. Este trabalho também descobre o efeito da mudança de refrigerante no desempenho do frigorífico.

CAPÍTULO 2

REVISÃO DA LITERATURA

2.1 Introdução:

Até à data, foram publicados vários trabalhos de investigação sobre os desenvolvimentos no frigorífico doméstico do ponto de vista do desempenho, utilizando diferentes técnicas. Segue-se uma breve revisão da literatura de algumas referências seleccionadas relacionadas com o trabalho proposto:

Brent et al. [1] realizaram um estudo sobre a melhoria da eficiência energética do frigorífico utilizando um sistema de isolamento de painéis com gás. Neste estudo, é formada uma camada isolante de gás para reduzir a transferência de calor. Um sistema avançado para reduzir o ganho de calor é a tecnologia de isolamento térmico de painéis cheios de gás. Os painéis cheios de gás contêm um gás inerte de baixa condutividade à pressão atmosférica e utilizam um deflector refletor para suprimir a radiação e a convecção no interior do gás. Os testes foram efectuados para um modelo doméstico de frigorífico de 500 litros de montagem superior com as suas portas originais e com uma série de portas protótipo alternativas. Estes testes resultaram num aumento de quase 6,5% na eficiência energética de todo o frigorífico. Soylemez et al.[2] realizaram uma otimização termoeconómica que produziu uma fórmula algébrica simples para estimar a espessura óptima do isolamento para aplicações de refrigeração. Os efeitos dos parâmetros de projeto na espessura óptima de isolamento foram investigados para três cidades de teste utilizando um código de computador interativo escrito em Fortran 77. O método da hora de carga total equivalente foi utilizado para estimar as necessidades energéticas. Observou-se que um isolamento excessivo conduz a um menor custo energético ao longo do ciclo de vida, mas exige um investimento de capital demasiado elevado, e que a falta de isolamento implica um maior custo energético ao longo do ciclo de vida e um menor investimento de capital. Também se verificou que a espessura óptima do isolamento é inversamente proporcional ao custo da condutividade térmica do material isolante. Dongsoo et al [3] apresentaram o desempenho de uma mistura de propano/isobutano (R290/R600a) que foi examinada para frigoríficos domésticos. Os resultados experimentais obtidos com o mesmo compressor indicaram que a mistura de propano/isobutano com uma fração mássica de 0,6 de propano tem uma eficiência energética 3±4% superior e uma taxa de arrefecimento algo mais rápida do que o CFC12.

Gurumurthy et al. [4] discutiram estudos experimentais realizados para a avaliação do desempenho de um frigorífico doméstico quando quatro proporções de hidrocarboneto, propano, butano e isobuteno são utilizadas como possíveis substitutos alternativos do tradicional refrigerante R-12. As utilizações dos fluidos frigorigéneos alternativos propostos têm vantagens como (i) a disponibilidade em locais locais, (ii) o baixo custo e (iii) uma natureza amiga do ambiente. Um frigorífico doméstico R-12 não modificado e aparelhos de ar condicionado foram carregados e testados com cada uma das quatro misturas de hidrocarbonetos contendo Sattar et al. [5] apresentaram um trabalho de investigação experimental sobre o desempenho de um frigorífico doméstico utilizando isobutano puro e uma mistura de propano, butano e isobuteno como refrigerante. A capacidade de refrigeração, a potência do compressor, o coeficiente de desempenho (COP), o trabalho do condensador e a taxa de rejeição de calor foram investigados neste estudo.

Mohanraj et al. [6] no presente trabalho, foi efectuada uma investigação experimental com uma mistura de hidrocarbonetos refrigerantes (composta por R290 e R600a na proporção de 45,2:54,8 em peso) como alternativa ao R134a num frigorífico doméstico de evaporador único de 200 l. Os resultados mostraram que a mistura de hidrocarbonetos tem valores mais baixos de consumo de energia; tempo de arranque e rácio de tempo de funcionamento em cerca de 11,1%, 11,6% e 13,2%, respetivamente, com um coeficiente de desempenho (COP) 3,25-3,6% mais elevado.Tiwari et al. [7] realizaram um estudo sobre os desenvolvimentos recentes no domínio dos frigoríficos domésticos. O autor discutiu os diferentes desenvolvimentos no frigorífico doméstico no seu artigo. Ao utilizar diferentes refrigerantes, observou-se o COP do sistema. Foram desenvolvidos refrigerantes ecológicos como o R-404a, o R-407c, o R-410a e o R-152a, que proporcionam quase o mesmo desempenho que o R-12 e o R-134a.Austin et al. [8] apresentaram um estudo sobre um frigorífico que utiliza um refrigerante misto (misturas de hidrocarbonetos propano e isobutano) e compararam-no com o desempenho do frigorífico quando o R-134a foi utilizado como refrigerante. Foi investigado o efeito da temperatura do condensador e da temperatura do evaporador no COP e no efeito de refrigeração. O consumo de energia do frigorífico durante a experiência com o refrigerante misto e o R-134a foi medido. Rasti et al. [9] dedicou o seu trabalho ao estudo da viabilidade da substituição de dois refrigerantes hidrocarbonetos em vez do R134a num frigorífico doméstico. O efeito dos parâmetros, incluindo o tipo de refrigerante, a carga de refrigerante e o tipo de compressor, é investigado. Esta pesquisa é conduzida usando R436A (mistura de 46% iso-butano e 54% propano) e R600a (iso-butano puro) como refrigerantes hidrocarbonetos, compressor tipo HFC (projetado para R134a) e compressor tipo HC (projetado para R600a).

Chavhan et al. [10] apresentaram um estudo sobre um frigorífico que utiliza R134a. O R134a tem um potencial de destruição da camada de ozono nulo (ODP) e quase as mesmas propriedades termodinâmicas que o R12, mas tem um elevado potencial de aquecimento global (GWP) de 1300, pelo que é necessário identificar uma alternativa para este refrigerante. O documento analisa o desempenho de diferentes refrigerantes amigos do ambiente e as suas misturas em diferentes proporções e também observa o efeito de parâmetros de trabalho como as dimensões do tubo capilar, as pressões e as temperaturas de trabalho, que afectam o coeficiente de desempenho (COP) do sistema de refrigeração por compressão de vapor.

Sreejith [11] investigou experimentalmente o efeito de diferentes tipos de óleo de compressor num frigorífico doméstico com condensador arrefecido a água. A experiência foi feita utilizando HFC134a como refrigerante, óleo de poliol-éster (POE) que é utilizado como lubrificante convencional no frigorífico doméstico e óleo mineral SUNISO 3GS como lubrificante alternativo. O desempenho do frigorífico doméstico e do sistema HFC134a/óleo

POE foi comparado com o sistema HFC134a/óleo mineral SUNISO 3GS para diferentes condições de carga. O resultado indica que o desempenho do frigorífico melhorou quando o sistema de óleo mineral HFC134a/SUNISO 3GS foi utilizado em vez do sistema de óleo HFC134a/POE em todas as condições de carga. O óleo mineral HFC134a/SUNISO 3GS funciona normalmente e com segurança no frigorífico. O sistema de óleo mineral HFC134a/SUNISO 3GS reduziu o consumo de energia quando comparado com o sistema de óleo HFC134a/POE entre 8% e 11% para várias condições de carga.

Também se registou um aumento do coeficiente de desempenho (COP) quando se utilizou óleo mineral SUNISO 3GS em vez de óleo POE como lubrificante. O permutador de calor arrefecido a água foi concebido e o sistema foi modificado através da sua instalação posterior, em vez do condensador convencional arrefecido a ar, através da criação de uma linha de derivação e, assim, o sistema pode ser utilizado como uma unidade de recuperação de calor residual. A água quente obtida pode ser utilizada para aplicações domésticas como limpeza, lavagem de louça, lavandaria, banho, etc. Os resultados experimentais mostram que podem ser gerados cerca de 200 litros de água quente a uma temperatura de cerca de 58°C ao longo de um dia, pelo que o sistema tem uma importância económica do ponto de vista da poupança de energia.

2.2 Observações finais da revisão da literatura:

(1) A partir da pesquisa bibliográfica acima referida, verifica-se que, devido ao seu impacto ambiental, os vários fluidos frigorigéneos são eliminados e espera-se que sejam substituídos. A sua substituição é uma tarefa difícil.
(2) Muitos investigadores realizaram um estudo sobre os diferentes tipos de refrigerante utilizados para melhorar o desempenho do frigorífico doméstico.
(3) Poucos investigadores referiram a combinação de diferentes materiais de isolamento com diferentes refrigerantes no sistema de refrigeração. Por conseguinte, é evidente que existe um vasto campo de investigação no estudo de diferentes tipos de refrigerantes e materiais de isolamento utilizados para melhorar o desempenho do frigorífico doméstico.

2.3 Definição do problema:

"Avaliação e comparação do desempenho do frigorífico doméstico utilizando diferentes tipos de materiais isolantes e diferentes tipos de refrigerantes"

2.4 Objetivo do estudo:

Os objectivos deste trabalho de dissertação são

1. Descobrir o efeito da alteração do material de isolamento no desempenho do frigorífico.
2. Descobrir o efeito da alteração do refrigerante no desempenho do frigorífico.

CAPÍTULO 3

TEORIA

3.1 Refrigeração:

A refrigeração é um sector industrial importante, uma vez que os dispositivos de refrigeração se tornaram uma necessidade e não um luxo. A refrigeração tem aplicações tremendas no sector industrial, o que a torna uma área de investigação muito importante. A refrigeração é um processo de transferência de calor de um local para outro em condições controladas. A American Society of Refrigerating Engineers define a refrigeração como "a ciência de fornecer e manter temperaturas inferiores às da atmosfera circundante". Isto implica o desenvolvimento de diferenciais de temperatura e não o estabelecimento de um determinado nível de temperatura. O trabalho de transporte de calor é tradicionalmente realizado por trabalho mecânico, mas também pode ser realizado por calor, magnetismo, eletricidade, laser ou outros meios. A refrigeração tem muitas aplicações, incluindo, mas não se limitando a: frigoríficos domésticos, congeladores industriais, criogenia e ar condicionado. As bombas de calor podem utilizar a produção de calor do processo de refrigeração e também podem ser concebidas para serem reversíveis, mas são semelhantes às unidades de refrigeração.

A ciência da refrigeração utiliza vários métodos para proporcionar um diferencial de temperatura. Estes variam desde o método simples da casa da fonte, em que a água fresca retira o calor do leite fresco quente, até à maquinaria e processos complexos necessários para o fabrico de gelados ou para a produção de temperaturas consideravelmente baixas. Antigamente, o gelo natural era utilizado para fins de refrigeração, o que era bastante inconveniente e inadequado para grandes necessidades, mas era a única opção disponível na altura. Mas devido à revolução na ciência e na tecnologia, as diferentes técnicas foram desenvolvidas nos últimos cem anos e agora existem numerosas aplicações de refrigeração na nossa vida quotidiana, bem como em muitas indústrias. Nos diferentes tipos de sistemas de refrigeração, são utilizadas algumas propriedades físicas da matéria para produzir frio. Os princípios dos diferentes métodos de refrigeração são a refrigeração por gelo, a refrigeração por gelo seco, o arrefecimento evaporativo, o arrefecimento por expansão de gases, a refrigeração magnética, a refrigeração por tubos de vórtice, o sistema de refrigeração por compressão de vapor, o sistema de refrigeração por absorção de vapor, etc. Os sistemas de refrigeração por compressão de vapor são amplamente utilizados em aplicações domésticas e industriais.

3.2 Refrigeração por compressão de vapor:

Como os sistemas de refrigeração por compressão de vapor funcionam com eletricidade, são sistemas amplamente utilizados e universalmente adoptados para aplicações domésticas e industriais. Trata-se de um método de refrigeração muito simples e sofisticado. Neste ciclo, o refrigerante líquido evapora-se e condensa-se de forma cíclica, isto é, a mudança entre os

6

estados líquido e gasoso a uma temperatura que depende geralmente da sua pressão, dentro dos limites do seu ponto de congelação e da sua temperatura crítica. O ciclo VCRS utiliza a ebulição e a condensação de um fluido de trabalho a diferentes temperaturas e, portanto, a diferentes pressões. O ciclo de compressão de vapor é uma modificação do ciclo básico de refrigeração do ar em que, em vez de ar, é utilizada uma substância de trabalho adequada designada por fluido refrigerante. O refrigerante utilizado no VCRS flui através da tubagem de refrigerante e sofre condensação e evaporação alternadas a diferentes pressões, designadas por pressão de sucção e pressão de descarga. O refrigerante absorve calor latente do espaço refrigerado durante a evaporação e rejeita esse calor durante o processo de condensação. O ciclo de compressão de vapor utilizado no sistema de refrigeração por compressão de vapor é atualmente utilizado para todos os fins de refrigeração. É utilizado para todos os fins industriais, desde um pequeno frigorífico doméstico até uma grande instalação de ar condicionado.

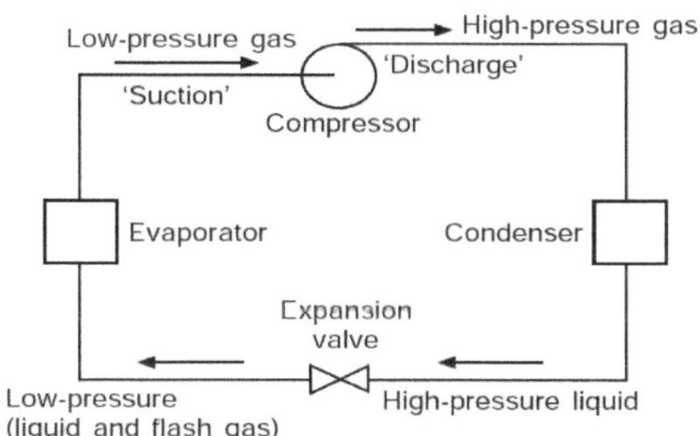

Fig. 3.1 Funcionamento do ciclo de compressão de vapor

A Fig. 3.1 mostra o ciclo de funcionamento e os diferentes componentes do ciclo de refrigeração por compressão de vapor.

3.3 Diagrama P-H do VCRS:

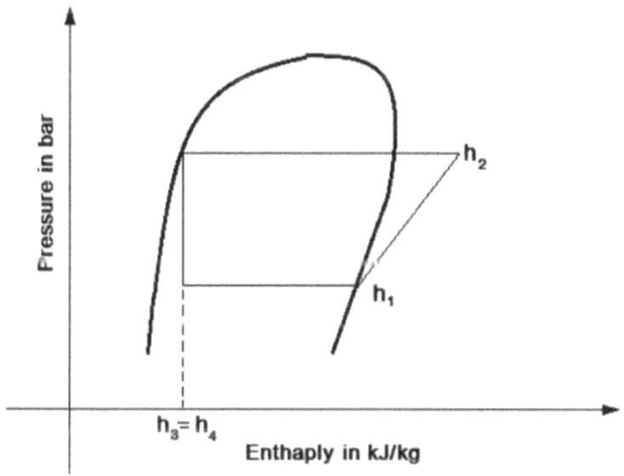

Fig. 3.2 Diagrama P-H do VCRS

Compressor: -

O compressor é utilizado para aumentar a pressão de funcionamento do refrigerante que se encontra no estado de vapor após a evaporação. Em geral, existem duas categorias de compressores: compressores dinâmicos e compressores de deslocamento. Os compressores dinâmicos convertem o momento angular em aumento de pressão e transferem essa pressão para o vapor. O compressor de deslocamento positivo aumenta a pressão do vapor reduzindo o volume. Para este estudo, são utilizados compressores de deslocamento positivo do tipo rotativo, que dominam o ar condicionado residencial. O vapor é comprimido no compressor, o que aumenta a pressão e a temperatura do vapor. O trabalho do compressor é a única entrada de trabalho para o sistema de refrigeração por compressão de vapor. Na figura 3.2, h1 e h2 mostram a entalpia do refrigerante antes da compressão e depois da compressão. O trabalho realizado durante a compressão isentrópica é dado por,
Trabalho do compressor (W) = h2-h1

Condensador:-

A sua função é remover o calor do vapor quente do refrigerante descarregado do compressor. O permutador de calor utilizado neste estudo é do tipo de fluxo cruzado, placa, aleta e tubo. O condensador pode ser separado em três secções: sobreaquecido, saturado e sub-arrefecido. O refrigerante com alta pressão e alta temperatura é arrefecido com a ajuda da ventoinha de condensação no condensador, a uma temperatura constante. T2 e pressão P2 constantes. Como mostrado pela linha 2-3 no diagrama T-S e no diagrama P-h. O vapor de refrigerante é transformado em refrigerante líquido, dando o seu calor latente ao meio de condensação circundante.

Válvula de expansão:-

É um dispositivo que divide os lados de alta e baixa pressão. Mantém a diferença de pressão desejada, de modo a que o líquido refrigerante vaporize à pressão projectada no evaporador. Controla o fluxo de refrigerantes de acordo com a carga no evaporador. É também designada por válvula de estrangulamento ou válvula de controlo do refrigerante. A pressão do refrigerante líquido P3=P2, temp.T2=T3 é expandida pelo processo de estrangulamento através da válvula de expansão para uma pressão baixa P4=Pi e temperatura T4=Ti, conforme indicado pela curva 3-4 no diagrama T-S e pela linha vertical 3-4 no diagrama p-h. Parte do refrigerante líquido evapora ao passar pela válvula de expansão, mas a maior parte é vaporizada no evaporador. Muitos dispositivos de expansão requerem uma diferença de pressão significativa para permitir uma operação adequada. Portanto, a pressão de condensação é freqüentemente mantida em níveis artificialmente altos, mesmo em baixas temperaturas ambientes. O maior culpado a este respeito é a válvula de expansão termostática convencional, que é frequentemente selecionada devido ao seu custo muito baixo. Uma solução é a utilização de válvulas de expansão controladas eletronicamente.

Evaporador:-

O objetivo do evaporador é transferir o calor da sala, a fim de baixar a sua temperatura e humidade... que apenas se divide em secções sobreaquecidas e saturadas. O refrigerante entra como uma mistura líquido-vapor e sai como um vapor sobreaquecido, absorvendo o calor da divisão. Com a ajuda de uma ventoinha, o ar é aspirado para o evaporador e passa para o tubo de refrigerante arrefecido, onde o refrigerante extrai o calor do ar e aquece. A mistura líquido-vapor do refrigerante à pressão $P4=Pi$, & temp. $T4=Ti$ é evaporada e transformada em vapor a pressão e temperatura constantes. O refrigerante absorve o calor latente do meio que vai ser arrefecido, o que se designa por efeito de refrigeração. Desta forma, o ciclo completa-se.

3.4 Refrigerantes:

Os fluidos frigorigéneos são utilizados como substâncias de trabalho nos sistemas de refrigeração. Estes fluidos proporcionam refrigeração ao sofrerem um processo de mudança de fase no evaporador. A eficiência termodinâmica de um sistema de refrigeração depende principalmente das suas temperaturas de funcionamento. No entanto, questões práticas importantes, como a conceção do sistema, a dimensão, os custos iniciais e de funcionamento, a segurança, a fiabilidade e a facilidade de manutenção, etc., dependem muito do tipo de fluido frigorigéneo selecionado para uma determinada aplicação. Devido a várias questões ambientais, como a destruição da camada de ozono e o aquecimento global e a sua relação com os vários fluidos frigorigéneos utilizados, a seleção de um fluido frigorigéneo adequado tornou-se uma das questões mais importantes nos últimos tempos. Assim, a utilização de um fluido refrigerante alternativo pode melhorar o desempenho do frigorífico. De acordo com o Protocolo de Montreal, o ODP dos fluidos frigoríficos deve ser zero, ou seja, devem ser substâncias que não empobrecem a camada de ozono. Os fluidos frigorigéneos com um ODP diferente de zero já foram eliminados (R 11, R 12) ou serão eliminados num futuro próximo (R22). Uma vez que o ODP depende principalmente da presença de cloro ou bromo nas moléculas, os fluidos frigorigéneos com cloro (CFC e HCFC) ou bromo não podem ser utilizados ao abrigo da nova regulamentação. Os fluidos frigorigéneos devem ter um valor de PAG tão baixo quanto possível para minimizar o problema do aquecimento global. Os fluidos frigorigéneos com um ODP nulo mas um elevado valor de GWP (por exemplo, o R134a) são susceptíveis de serem regulamentados no futuro. O fator Índice de Aquecimento Equivalente Total (TEWI) considera as contribuições directas (devido à libertação para a atmosfera) e indirectas (através do consumo de energia) dos fluidos frigorigéneos para o aquecimento global. Naturalmente, os fluidos frigorigéneos com um valor de TEWI tão baixo quanto possível são preferíveis do ponto de vista do aquecimento global. Idealmente, os fluidos frigorigéneos utilizados num sistema de refrigeração devem ser não tóxicos. A toxicidade é um termo relativo, que só adquire significado quando se especifica o grau de concentração e o tempo de exposição necessários para produzir efeitos nocivos. Alguns fluidos são tóxicos mesmo em pequenas concentrações. Alguns fluidos são ligeiramente tóxicos, ou seja, só são perigosos quando a concentração é elevada e a duração da exposição é longa.

As propriedades ideais de um fluido frigorigéneo são;

❖ Um elevado calor latente de vaporização

❖ Uma densidade elevada de gás de aspiração

❖ Não corrosivo, não tóxico e não inflamável

❖ Temperatura crítica e ponto triplo fora da gama de trabalho

❖ Compatibilidade com materiais componentes e óleo lubrificante

❖ Pressões de trabalho razoáveis (não demasiado elevadas ou inferiores à pressão atmosférica)

❖ Elevada rigidez dieléctrica (para compressores com motores integrados)

❖ Baixo custo

❖ Facilidade de deteção de fugas

❖ Amigo do ambiente

3.5 Isolamentos:

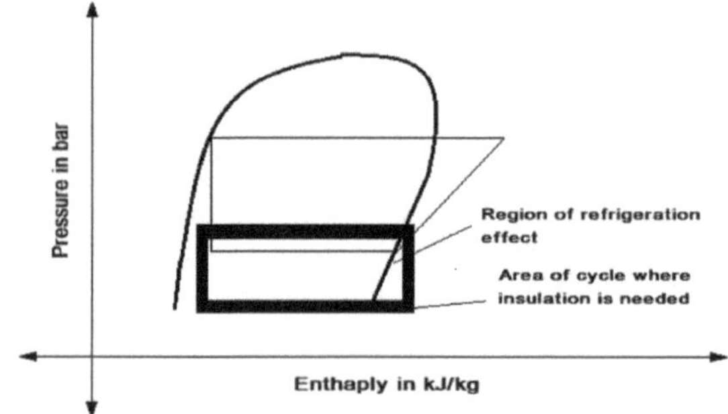

Fig. 3.3 Isolamento em VCRS

O isolamento é um subsistema muito importante do sistema de refrigeração por compressão de vapor. A remoção de calor de um espaço refrigerado a uma temperatura inferior à temperatura ambiente é a principal função do sistema de refrigeração. Uma vez que existe um gradiente de temperatura entre o ar ambiente e o espaço refrigerado, o calor fluirá de uma temperatura elevada para uma temperatura baixa e, como o espaço refrigerado é mantido a uma temperatura baixa, o calor precipitar-se-á do ambiente para o espaço refrigerado. Assim, a fim de parar completamente este fluxo de calor do ar ambiente para o espaço refrigerado, é fornecido material isolante à volta do espaço refrigerado no frigorífico, este isolamento reduz o fluxo de calor. O isolamento é efectuado à volta da cabina do evaporador para evitar a transferência de calor dos arredores para a cabina do evaporador. A Fig. mostra o processo em que é necessário aplicar o isolamento, a cabina do evaporador deve ser isolada corretamente, caso contrário o calor do ambiente circundante fluirá para a cabina do evaporador, o que aumentará a carga no sistema de refrigeração, resultando finalmente na diminuição do COP do sistema de refrigeração. A Fig. 3.3 mostra a região do sistema de refrigeração por compressão de vapor onde é necessário aplicar o isolamento, ou seja, a região de evaporação, para impedir o fluxo de calor dos arredores para a cabina do evaporador.

CAPÍTULO 4

CONCEPÇÃO E DESENVOLVIMENTO DO SISTEMA

4.1 Desenvolvimento da configuração experimental:

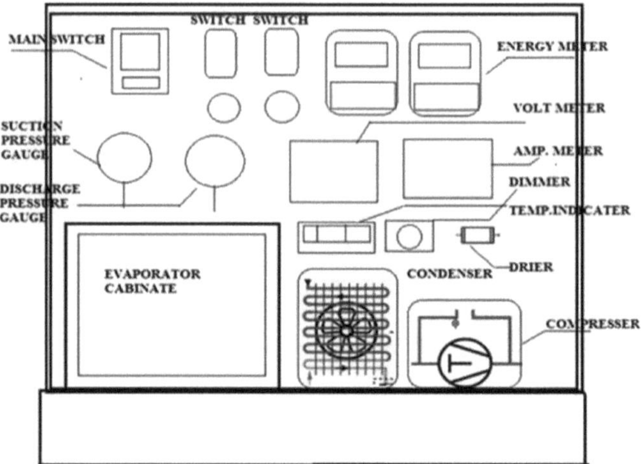

Fig. 4.1 Instalação de ensaio experimental

A Fig. 4.1 mostra a configuração de teste experimental utilizada para este trabalho de investigação para avaliação e análise do desempenho do frigorífico com isolamento de lã de vidro e poliestireno e com refrigerante R134a e R290. Esta figura mostra a disposição dos componentes do frigorífico e dos dispositivos de medição. Este sistema de refrigeração tem uma capacidade de 1258 Watt nas condições nominais de ensaio. A disposição de outros dispositivos como manómetros, medidores de energia, indicadores de temperatura, voltímetros e amperímetros também pode ser observada nesta fig. 4.1.

12

4.2 Componentes da montagem experimental:

4.2.1 Compressor:

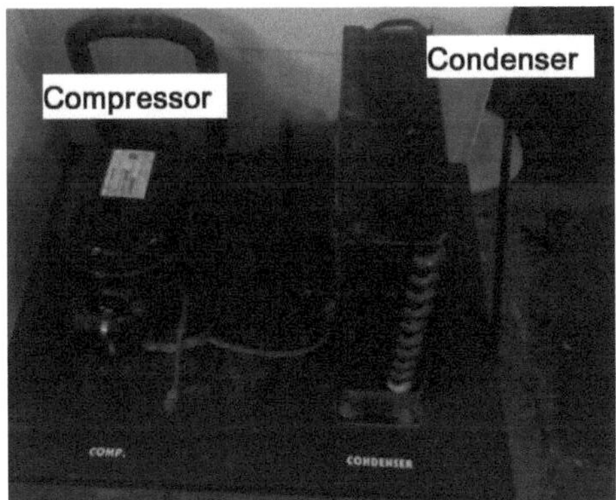

Fig. 4.2 Compressor

A Fig. 4.2 mostra o compressor utilizado neste estudo e a sua posição na instalação experimental. Trata-se de um compressor alternativo hermeticamente fechado que funciona com um motor acionado por eletricidade. Este compressor comprime o vapor do evaporador e envia o vapor sobreaquecido a alta pressão para o condensador.

Especificações do compressor:
Tipo: Tipo alternativo hermeticamente selado Capacidade: 1/6 HP

4.2.2 Condensador:

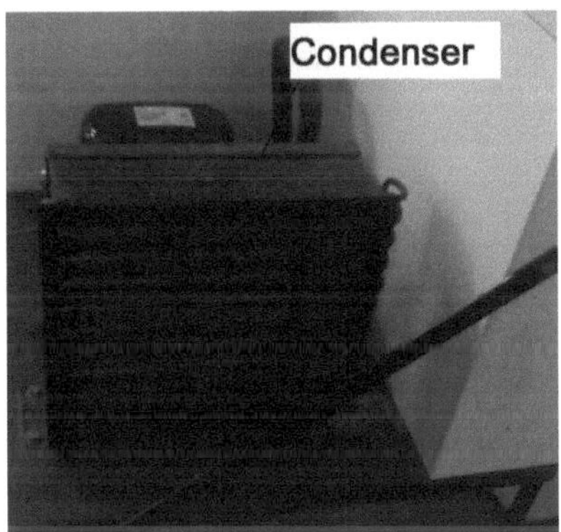

Fig. 4.3 Condensador

13

A Fig. 4.3 mostra o condensador utilizado neste estudo. O condensador é utilizado para a condensação do vapor sobreaquecido que é depois enviado para o dispositivo de expansão. Este condensador tem tubos de cobre que são cobertos com alhetas de alumínio. Este condensador arrefecido a ar por convecção forçada utiliza uma ventoinha motorizada para o arrefecimento. A ventoinha utilizada para o arrefecimento é do tipo de indução de fluxo axial.

4.2.3 Dispositivo de expansão:

Neste trabalho, é utilizado um tubo capilar como dispositivo de expansão. O dispositivo de expansão é utilizado para a expansão do líquido refrigerante, o que resulta numa saída de baixa pressão e baixa temperatura do líquido refrigerante. Não há transferência de calor real no dispositivo de expansão, mas a queda do líquido refrigerante ocorre apenas devido à expansão do líquido refrigerante.

O dispositivo de expansão utilizado neste trabalho é um tubo capilar com especificações de [0,31 polegadas, 11 polegadas], ou seja, 0,078 m de diâmetro do tubo e 0,27 m de comprimento.

4.2.4 Secção do evaporador:

A secção do evaporador é um componente muito importante neste estudo, uma vez que é o local onde o efeito de refrigeração é produzido e onde é necessário aplicar o isolamento. Neste caso, o evaporador é do tipo concha e bobina, em que os refrigerantes são colocados no interior da bobina e a carga está presente na concha. O material da cabina do evaporador é o alumínio e tem dimensões de $0,55 \times 0,4 \times 0,35$ m^3 . A parte exterior da cabina de refrigeração é feita de chapa metálica de alumínio e o isolamento será aplicado no interior desta cobertura de chapa metálica. A Fig. 4.4 mostra a cabina do evaporador da instalação experimental em que este trabalho de investigação é efectuado.

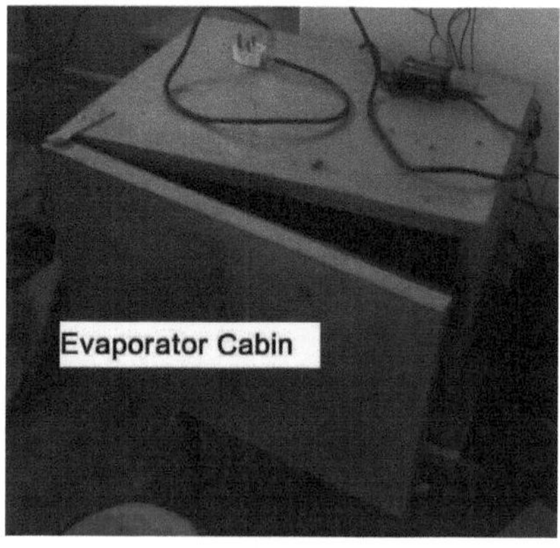

Fig. 4.4 Cabina do evaporador

14

4.2.5 Refrigerantes:

Neste estudo, são utilizados dois fluidos frigorigéneos diferentes e é analisado o seu efeito no desempenho do fluido frigorigéneo. O refrigerante R134a é inicialmente utilizado para testar isolamentos de lã de vidro e poliestireno para diferentes cargas de aquecimento. Depois disso, o segundo refrigerante R290 é carregado no sistema de refrigeração e é novamente testado para isolamentos de lã de vidro e poliestireno para diferentes cargas de aquecimento. O ensaio do equipamento de teste de refrigeração é efectuado para os mesmos isolamentos e condições de carga e os resultados deste estudo são analisados. Dado que as propriedades termodinâmicas dos refrigerantes são diferentes, o desempenho dos sistemas de refrigeração que funcionam com estes refrigerantes também é diferente.

Propriedades dos refrigerantes:

R134a:

1, 1, 1, 2-tetrafluoroetano Fórmula química: CH2FCF3 Peso molecular: 102,03 Aspeto: Gás incolor Odor: Inodoro
Ponto de ebulição: -26,06°C Temperatura crítica: 101.08°C

R290:

Fórmula química: C3H8 Peso molecular: 44,10 Aspeto: Gás incolor Odor: Inodoro
Ponto de fusão: -188 °C Ponto de ebulição: -42°C

Vantagens do R290:

[1]Potencial nulo de destruição da camada de ozono

[2]Potencial de aquecimento global muito baixo

[3]Excelentes propriedades termodinâmicas que conduzem a uma elevada eficiência energética

[4]Boa compatibilidade com os componentes do sistema

[5]Cargas baixas que permitem permutadores de calor e dimensões de tubagem mais pequenas

4.2.6 Isolamentos:

Os isolamentos são colocados à volta da secção do evaporador, ou seja, do espaço refrigerado, para evitar a transferência de calor do espaço à volta do espaço refrigerado para o espaço refrigerado. Os isolamentos são seleccionados com base na baixa condutividade térmica. O material isolante é normalmente colocado à volta da cabina do evaporador e devidamente embrulhado para que não haja espaço para a transferência de calor. Neste trabalho de investigação, os isolamentos de lã de vidro e de poliestireno são utilizados e testados quanto ao fluxo de calor para a cabina do evaporador. Especificações do material de isolamento:

Lã de vidro:

A lã de vidro é um material isolante feito de fibras de vidro dispostas com um aglutinante numa textura semelhante à da lã. O processo aprisiona muitas pequenas bolsas de ar entre o vidro, e estas pequenas bolsas de ar resultam em elevadas propriedades de isolamento térmico. A lã de vidro é produzida em rolos ou em placas, com diferentes propriedades térmicas e mecânicas. Também pode ser produzida como um material que pode ser pulverizado ou aplicado no local, na superfície a ser isolada.

Condutividade térmica: 0,04 w/mk

Poliestireno:

O poliestireno é um bom material de isolamento frequentemente utilizado sob a forma de espuma. Os materiais de espuma feitos de poliestireno contêm quase 98% de ar. A fase sólida (esqueleto da espuma) que conduz o calor ocupa 2% do volume total. Para além disso, o material de poliestireno que transfere o calor é um material muito isolante.

Condutividade térmica: 0,033 w/mk

4.3 Dispositivos de medição:

Para avaliar o desempenho do frigorífico, é necessário fazer algumas observações, como a energia consumida pelo compressor, as temperaturas do refrigerante em diferentes pontos do sistema, a pressão do refrigerante no lado da sucção e da descarga. Para estas observações, são utilizados contadores de energia, termopares e manómetros.

4.3.1 Contadores de energia:

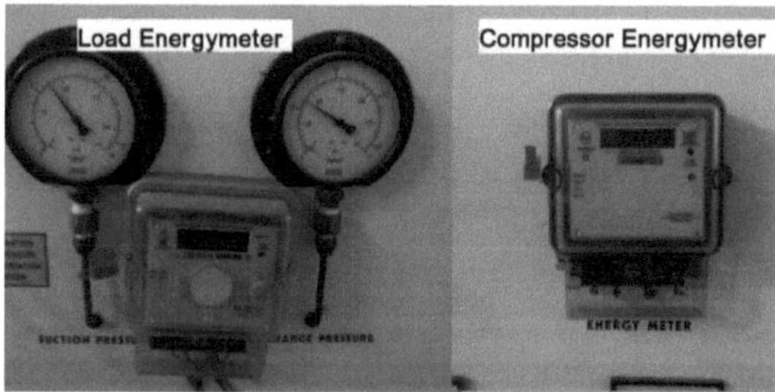

Fig. 4.5 Contadores de energia

Neste trabalho, a energia eléctrica utilizada pelo compressor tem de ser medida e também é necessário medir a energia consumida para a aplicação da carga de aquecimento. Para a medição do consumo de energia eléctrica são utilizados dois contadores de energia. As observações feitas nestes contadores de energia são o tempo necessário para 10 impulsos do contador de energia. A Fig. 4.5 mostra os contadores de energia utilizados para a medição do trabalho do compressor e da carga de aquecimento.

4.3.2 Indicadores de temperatura e termopares:

Neste estudo, é necessário medir as temperaturas das diferentes fases do refrigerante, como T1 = temperatura do refrigerante após a evaporação, T2 = temperatura do refrigerante após a compressão, T3 = temperatura do refrigerante após a condensação e T4 = temperatura do refrigerante após a expansão. A temperatura ambiente também é medida neste estudo. O indicador digital de temperatura com ecrã LED é utilizado nesta configuração experimental. Os termopares são utilizados para medir todas as temperaturas necessárias para este estudo. Um termopar é um dispositivo elétrico constituído por dois condutores diferentes que formam junções eléctricas a temperaturas diferentes. Um termopar produz uma tensão dependente da temperatura como resultado do efeito termoelétrico, e esta tensão pode ser interpretada para medir a temperatura.

4.3.3 Manómetros de pressão:

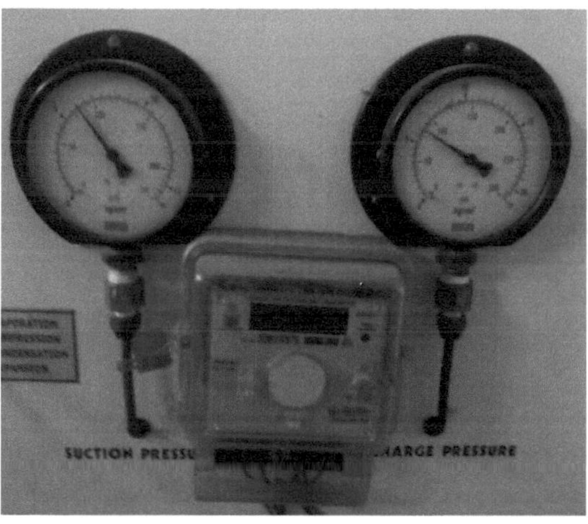

Fig. 4.6 Manómetros

A Fig. 4.6 mostra que são utilizados dois manómetros nesta configuração experimental para medir a pressão do lado da aspiração e a pressão do lado da descarga. A pressão antes da compressão e após a compressão é medida utilizando dois manómetros de Bourdon separados. O manómetro de Bourdon utiliza o princípio de que um tubo achatado tende a endireitar-se ou a recuperar a sua forma circular na secção transversal quando pressurizado. Este tubo está ligado ao ponteiro que se move com ele e mostra a leitura exacta da pressão.

Quadro 4.1 Resumo das especificações da instalação experimental

Capacidade	1258 watts na condição de teste nominal
Compressor	Hermeticamente selado 1/6 HP
Refrigerante	R-134a,R-290
Material de isolamento	Lã de vidro, poliestireno
Condensador	Tubo de cobre, alhetas de alumínio, arrefecimento por convecção forçada a ar, motor do ventilador de indução de fluxo axial
Secador/filtro	Tipo de peneira molecular
Dispositivo de expansão	Tubo capilar [0,31 polegadas, 11 polegadas]
Indicador de pressão	Manómetros 2 n.ºs para alta e baixa pressão, tipo mostrador de pressão de sucção e descarga
Contador de energia	Marca L & T
Carga térmica	Resistência de 40 watts
Controlo da temperatura	Termostato automático com controlador digital de temperatura
Evaporador	Expansão direta, tipo de concha e bobina, material de alumínio
Indicador de temperatura	Ecrã digital LED
Fornecimento	230 volts, 50Hz, alimentação AC monofásica
Interruptores	Para o corte HP e LP do compressor
Voltímetro	0-300 volts
Amperímetro	0-250 milímetros

CAPÍTULO 5

INVESTIGAÇÃO EXPERIMENTAL

5.1 Instalação experimental:

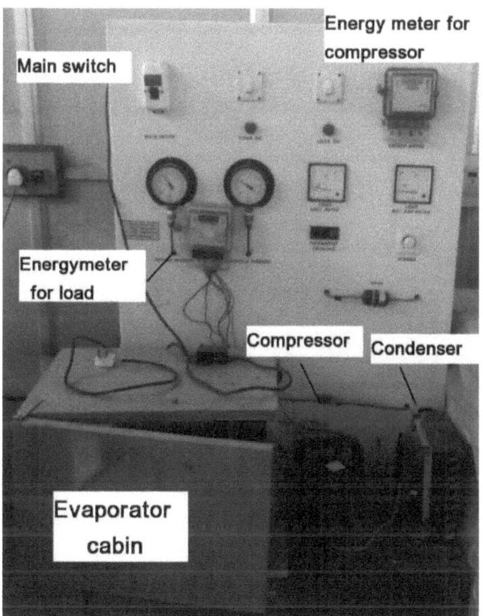

Fig. 5.1 Instalação experimental

A Fig. 5.1 mostra a montagem experimental utilizada para a avaliação e comparação do desempenho do frigorífico doméstico utilizando diferentes tipos de materiais isolantes e diferentes tipos de refrigerantes. Nesta figura, podem ser observados diferentes componentes e dispositivos de medição. A partir desta figura, podem observar-se os componentes básicos do ciclo de refrigeração, como o evaporador, o dispositivo de expansão (tubo capilar), o condensador e o compressor. O fluxo de refrigerante não pode ser observado nesta figura, uma vez que as ligações das tubagens do ciclo de refrigeração estão escondidas atrás do painel de controlo. Esta figura também mostra os dispositivos de medição, como medidores de energia. Manómetros de pressão, bem como indicadores de temperatura.

5.2 Procedimento experimental:

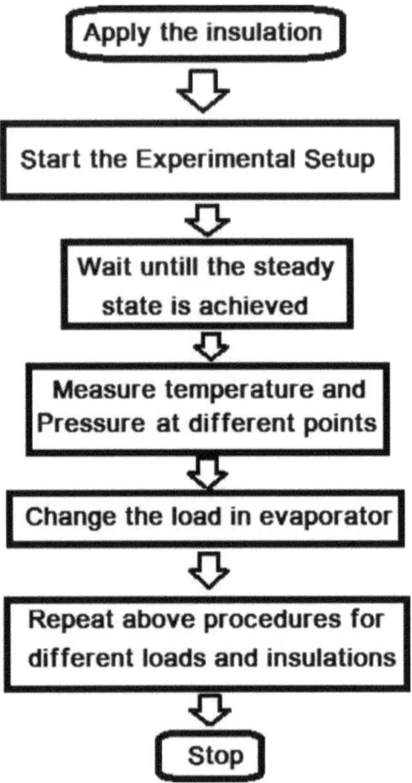

Fig. 5.2 Fluxograma

A Fig. 5.2 mostra o fluxograma do procedimento das operações realizadas neste estudo para avaliação e comparação do desempenho do frigorífico doméstico utilizando diferentes tipos de materiais isolantes e diferentes tipos de refrigerantes. A figura mostra as diferentes acções realizadas e a sua sequência à medida que são conduzidas durante este trabalho de investigação.

5.3 Observações:

T_{amb} = Temperatura ambiente em C^0

$T1$ = Temperatura do refrigerante após evaporação em^0 C $T2$ = Temperatura do refrigerante após compressão em^0 C $T3$ = Temperatura do refrigerante após condensação em^0 C $T4$ = Temperatura do refrigerante após expansão em C^0

5.3.1 Tabela de observação para o refrigerante R134a, isolamento de lã de vidro e carga de 20 Watt:

Tabela n.º 5.1 Observações para o fluido frigorigéneo R134a, isolamento em lã de vidro e 20 Watt

Tempo em minutos	Tamb em 0C	Pressão de aspiração em psi	Pressão de descarga em psi	T1 em 0C	T2 em 0C	T3 em 0C	T4 em 0C	Tempo para 10 impulsos na energia do compressor contador	Tempo para 10 impulsos em Energia de carga contador
15	34.1	10	135	27	45	39	-13	190	800
30	34	11	135	28	45	39	-13	190	800
45	34	10	134	28	44	39	-13	190	800
60	34.1	14	132	29	44	38	-13	190	800
75	34	12	132	32	41	36	-12	190	800

5.3.2 Tabela de observação para o refrigerante R134a, isolamento de lã de vidro e carga de 25 Watt:

Tabela n.º 5.2 Observações para o fluido frigorigéneo R134a, isolamento de lã de vidro e 25 Watt

Tempo em minutos	Tamb em 0C	Pressão de aspiração em psi	Pressão de descarga em psi	T1 em 0C	T2 em 0C	T3 em 0C	T4 em 0C	Tempo para 10 impulsos no Compressor Contador de energia	Tempo para 10 impulsos em carga Contador de energia
15	34	12	136	25	45	39	-10	180	660
30	33.9	13	136	26	45	39	-11	180	660
45	33.9	14	136	27	44	39	-11	180	660
60	33.8	12	135	28	45	39	-11	180	660
75	33.8	12	135	28	45	39	-12	180	660

5.3.3 Tabela de observação para o refrigerante R134a, isolamento de lã de vidro e carga de 30 Watt:

Tabela n.º 5.3 Observações para o fluido frigorigéneo R134a, isolamento em lã de vidro e 30 Watt

Tempo em minutos	Tamb em 0C	Pressão de aspiraçã o em psi	Pressão de descarga em psi	T1 em 0C	T2 em 0C	T3 em 0C	T4 em 0C	Tempo para 10 impulsos na energia do compressor contador	Tempo para 10 impulsos em Energia de carga contador
15	33.4	12	135	29	46	39	-11	160	580
30	33.3	12	135	30	46	39	-12	160	580
45	33.4	11	134	30	46	39	-13	155	580
60	33.3	11	134	30	45	39	-13	160	580
75	33.3	11	134	30	46	39	-13	160	580

5.3.4 Tabela de observação para o refrigerante R134a, isolamento de lã de vidro e carga de 35 Watt:

Tabela n.º 5.4 Observações para o fluido frigorigéneo R134a, isolamento em lã de vidro e 35 Watt

Tempo em minutos	Tamb em 0C	Pressão de aspiraçã o em psi	Pressão de descarga em psi	T1 em 0C	T2 em 0C	T3 em 0C	T4 em 0C	Tempo para 10 impulsos na energia do compressor contador	Tempo para 10 impulsos em Energia de carga contador
15	33.4	14	136	31	47	39	-10	140	470
30	33.3	13	135	31	47	39	-11	142	470
45	33.4	12	135	31	47	39	-11	142	470
60	33.4	13	135	31	47	39	-12	144	470
75	33.4	12	134	31	46	39	-12	140	470

5.3.5 Tabela de observação para o refrigerante R134a, isolamento de lã de vidro e carga de 40 Watt:

Tabela n.º 5.5 Observações para o fluido frigorigéneo R134a, isolamento de lã de vidro e 40 Watt

Tempo em minutos	Tamb em 0C	Pressão de aspiraçã o em psi	Pressão de descarga em psi	T1 em 0C	T2 em 0C	T3 em 0C	T4 em 0C	Tempo para 10 impulsos na energia do compressor contador	Tempo para 10 impulsos em Energia de carga contador
15	33.1	11	132	29	43	38	-13	130	380
30	33.1	12	132	29	43	38	-13	130	380
45	33	12	132	30	43	39	-13	130	380
60	33.1	12	132	30	43	38	-13	130	380
75	33.1	11	130	30	43	38	-14	130	380

5.3.6 Tabela de observação para o refrigerante R134a, isolamento de poliestireno e carga de 20 Watt:

Tabela n.º 5.6 Observações para o refrigerante R134a, isolamento de poliestireno e 20 Watt

Tempo em minutos	Tamb em 0C	Pressão de aspiraçã o em psi	Pressão de descarga em psi	T1 em 0C	T2 em 0C	T3 em 0C	T4 em 0C	Tempo para 10 impulsos na energia do compressor contador	Tempo para 10 impulsos em Energia de carga contador
15	34.9	9	135	20	45	39	-20	200	780
30	34.8	10	135	21	44	39	-19	200	780
45	34.8	12	138	21	45	39	-17	200	780
60	34.9	13	140	20	46	40	-16	200	780
75	34.9	12	140	20	46	40	-17	200	780

5.3.7 Tabela de observação para o refrigerante R134a, isolamento de poliestireno e carga de 25 Watt:

Tabela n.º 5.7 Observações para o refrigerante R134a, isolamento de poliestireno e 25 Watt

Tempo em minutos	Tamb em 0C	Pressão de aspiraçã o em psi	Pressão de descarga em psi	T1 em 0C	T2 em 0C	T3 em 0C	T4 em 0C	Tempo para 10 impulsos na energia do compressor contador	Tempo para 10 impulsos em Energia de carga contador
15	33.2	15	140	23	45	39	-16	180	600
30	33.7	12	135	21	44	39	-20	180	600
45	33.9	12	140	23	45	40	-16	180	600
60	33.5	15	140	22	45	40	-16	180	600
75	33.6	13	135	22	45	39	-18	177	600

5.3.8 Tabela de observação para o refrigerante R134a, isolamento de poliestireno e carga de 30 Watt:

Tabela n.º 5.8 Observações para o refrigerante R134a, isolamento de poliestireno e 30 Watt

Tempo em minutos	Tamb em 0C	Pressão de aspiraçã o em psi	Pressão de descarga em psi	T1 em 0C	T2 em 0C	T3 em 0C	T4 em 0C	Tempo para 10 impulsos na energia do compressor contador	Tempo para 10 impulsos em Energia de carga contador
15	33.7	15	140	21	45	40	-16	180	536
30	33.7	15	140	21	45	40	-15	180	536
45	33.8	14	139	21	45	40	-16	180	536
60	33.6	15	140	21	45	40	-18	180	536
75	33.7	14	139	22	45	39	-17	180	536

5.3.9 Tabela de observação para o refrigerante R134a, isolamento de poliestireno e carga de 35 Watt:

Tabela n.º 5.9 Observações para o refrigerante R134a, isolamento de poliestireno e 35 Watt

Tempo em minutos	Tamb em 0C	Pressão de aspiração em psi	Pressão de descarga em psi	T1 em 0C	T2 em 0C	T3 em 0C	T4 em 0C	Tempo para 10 impulsos na energia do compressor contador	Tempo para 10 impulsos em Energia de carga contador
15	34.7	10	135	21	44	39	-20	150	380
30	34.5	10	135	21	43	39	-18	155	380
45	34.6	18	140	21	45	40	-16	155	380
60	34.6	20	140	20	45	40	-16	155	380
75	34.6	18	139	20	45	40	-17	155	380

5.3.10 Tabela de observação para o refrigerante R134a, isolamento de poliestireno e carga de 40 Watt:

Tabela n.º 5.10 Observações para o refrigerante R134a, isolamento de poliestireno e 40 Watt

Tempo em minutos	Tamb em 0C	Pressão de aspiração o em psi	Pressão de descarga em psi	T1 em 0C	T2 em 0C	T3 em 0C	T4 em 0C	Tempo para 10 impulsos no Compressor Contador de energia	Tempo para 10 impulsos em carga Contador de energia
15	34.8	11	136	21	44	39	-18	145	350
30	34.9	13	140	21	45	40	-16	145	350
45	35	14	140	20	46	40	-16	145	350
60	34.8	14	139	20	46	40	-17	145	350
75	34.8	12	139	21	46	40	-18	145	350

5.3.11 Tabela de observação para o refrigerante R290, isolamento de lã de vidro e carga de 20 Watt:

Tabela n.º 5.11 Observações para o refrigerante R290a, isolamento de lã de vidro e 20 Watt

Tempo em minutos	Tamb em 0C	Pressão de aspiraçã o em psi	Pressão de descarga em psi	T1 em 0C	T2 em 0C	T3 em 0C	T4 em 0C	Tempo para 10 impulsos na energia do compressor contador	Tempo para 10 impulsos em Energia de carga contador
15	34.2	20	200	28	51	39	-18	190	785
30	34.1	20	200	29	51	39	-18	190	785
45	34.2	20	200	30	51	39	-19	190	785
60	34.1	20	200	30	51	39	-19	190	785
75	34	20	200	31	51	39	-20	190	785

5.3.12 Tabela de observação para o refrigerante R290, isolamento de lã de vidro e carga de 25 Watt:

Tabela n.º 5.12 Observações para o refrigerante R290a, isolamento de lã de vidro e 25 Watt

Tempo em minutos	Tamb em 0C	Pressão de aspiraçã o em psi	Pressão de descarga em psi	T1 em 0C	T2 em 0C	T3 em 0C	T4 em 0C	Tempo para 10 impulsos na energia do compressor contador	Tempo para 10 impulsos em Energia de carga contador
15	34.5	20	200	30	50	39	-19	180	630
30	34.6	20	200	33	50	39	-20	180	630
45	34.5	20	200	31	50	39	-20	180	630
60	34.6	20	200	31	50	39	-20	180	630
75	34.6	20	200	31	50	39	-20	180	630

5.3.13 Tabela de observação para o refrigerante R290, isolamento de lã de vidro e carga de 30 Watt:

Tabela n.º 5.13 Observações para o refrigerante R290a, isolamento de lã de vidro e 30 Watt

Tempo em minutos	Tamb em 0C	Pressão de aspiraçã o em psi	Pressão de descarga em psi	T1 em 0C	T2 em 0C	T3 em 0C	T4 em 0C	Tempo para 10 impulsos na energia do compressor contador	Tempo para 10 impulsos em Energia dc carga contador
15	35.1	22	205	30	50	39	-19	170	550
30	35.1	20	200	31	50	39	-20	170	550
45	35	20	200	31	50	39	-21	170	550
60	35	20	200	31	50	39	-21	170	550
75	34.9	20	200	31	50	39	-20	170	555

5.3.14 Tabela de observação para o refrigerante R290, isolamento de lã de vidro e carga de 35 Watt:

Tabela n.º 5.14 Observações para o refrigerante R290a, isolamento de lã de vidro e 35 Watt

Tempo em minutos	Tamb em 0C	Pressão de aspiraçã o em psi	Pressão de descarga em psi	T1 em 0C	T2 em 0C	T3 em 0C	T4 em 0C	Tempo para 10 impulsos na energia do compressor contador	Tempo para 10 impulsos em Energia de carga contador
15	34.5	20	200	28	49	39	-18	160	400
30	34.5	21	205	30	50	39	-19	160	400
45	34.4	21	205	31	50	39	-20	160	400
60	34.5	20	200	32	50	39	-21	160	400
75	34.4	20	200	32	50	39	-21	160	400

5.3.15 Tabela de observação para o refrigerante R290, isolamento de lã de vidro e carga de 40 Watt:

Tabela n.º 5.15 Observações para o refrigerante R290a, isolamento de lã de vidro e 40 Watt

Tempo em minutos	Tamb em 0C	Pressão de aspiraçã o em psi	Pressão de descarga em psi	T1 em 0C	T2 em 0C	T3 em 0C	T4 em 0C	Tempo para 10 impulsos na energia do compressor contador	Tempo para 10 impulsos em Energia de carga contador
15	35.2	20	205	32	50	39	-21	155	360
30	35	20	205	32	50	39	-21	150	360
45	35.1	20	205	31	50	39	-20	150	360
60	35.2	20	200	32	51	39	-21	150	360
75	35.2	20	200	32	51	39	-21	150	360

5.3.16 Tabela de observação para o refrigerante R290, isolamento de poliestireno e carga de 20 Watt:

Tabela n.º 5.16 Observações para o refrigerante R290a, isolamento de poliestireno e 20 Watt

Tempo em minutos	Tamb em 0C	Pressão de aspiraçã o em psi	Pressão de descarga em psi	T1 em 0C	T2 em 0C	T3 em 0C	T4 em 0C	Tempo para 10 impulsos na energia do compressor contador	Tempo para 10 impulsos em Energia de carga contador
15	35	20	200	19	53	40	-16	200	740
30	35.1	20	200	20	52	40	-16	200	740
45	35	20	200	20	53	40	-16	200	740
60	35.2	20	200	19	53	40	-17	200	740
75	35.1	20	200	19	51	40	-18	200	740

5.3.17 Tabela de observação para o refrigerante R290, isolamento de poliestireno e carga de 25 Watt:

Tabela n.º 5.17 Observações para o refrigerante R290a, isolamento de poliestireno e 25 Watt

Tempo em minutos	Tamb em 0C	Pressão de aspiraçã o em psi	Pressão de descarga em psi	T1 em 0C	T2 em 0C	T3 em 0C	T4 em 0C	Tempo para 10 impulsos na energia do compressor contador	Tempo para 10 impulsos em Energia de carga contador
15	34.5	20	195	21	52	40	-18	190	590
30	34.4	24	197	20	52	40	-18	190	590
45	34.5	23	195	20	52	40	-18	190	590
60	34.5	22	195	20	52	40	-18	190	590
75	34.5	22	195	20	52	39	-18	190	590

5.3.18 Tabela de observação para o refrigerante R290, isolamento de poliestireno e carga de 30 Watt:

Tabela n.º 5.18 Observações para o refrigerante R290a, isolamento de poliestireno e 30 Watt

Tempo em minutos	Tamb em 0C	Pressão de aspiraçã o em psi	Pressão de descarga em psi	T1 em 0C	T2 em 0C	T3 em 0C	T4 em 0C	Tempo para 10 impulsos na energia do compressor contador	Tempo para 10 impulsos em Energia de carga contador
15	34.5	23	196	21	52	40	-17	170	480
30	34.4	23	195	21	51	39	-18	170	480
45	34.5	23	195	20	51	39	-18	170	480
60	34.5	24	195	20	51	39	-18	170	480
75	34.4	24	196	20	51	39	-18	170	480

5.3.19 Tabela de observação para o refrigerante R290, isolamento de poliestireno e carga de 35 Watt:

Tabela n.º 5.19 Observações para o refrigerante R290a, isolamento de poliestireno e 35 Watt

Tempo em minutos	Tamb em 0C	Pressão de aspiraçã o em psi	Pressão de descarga em psi	T1 em 0C	T2 em 0C	T3 em 0C	T4 em 0C	Tempo para 10 impulsos na energia do compressor contador	Tempo para 10 impulsos em Energia de carga contador
15	34.1	24	195	20	52	39	-17	150	360
30	34	24	195	20	52	39	-17	150	360
45	34.1	24	194	20	52	39	-18	150	360
60	34.1	24	194	20	52	39	-18	150	360
75	34	24	194	20	52	39	-18	150	360

5.3.20 Tabela de observação para o refrigerante R290, isolamento de poliestireno e carga de 40 Watt:

Tabela n.º 5.20 Observações para o refrigerante R290a, isolamento de poliestireno e 40 Watt

Tempo em minutos	Tamb em 0C	Pressão de aspiraçã o em psi	Pressão de descarga em psi	T1 em 0C	T2 em 0C	T3 em 0C	T4 em 0C	Tempo para 10 impulsos na energia do compressor contador	Tempo para 10 impulsos em Energia de carga contador
15	34.2	24	194	21	51	39	-17	140	330
30	34.1	23	194	20	51	39	-17	140	330
45	34.1	24	193	20	51	39	-17	140	330
60	34.2	24	192	20	52	39	-18	140	330
75	34.1	24	192	20	51	39	-18	140	330

5.4 Observações sobre a alteração da temperatura do armário ao longo do tempo:

Refrigerante - R134a

Material de isolamento - lã de vidro Temperatura **inicial do armário - 5 °C**

Tabela 5.21 Alteração da temperatura para o fluido frigorigéneo R134a e isolamento com lã de vidro

N.º Sr.	Temperatura ambiente em °C	Temperatura do armário em °C	Tempo em segundos
1	33.0	6	45
2	33.0	7	138
3	29.9	8	193
4	33.0	9	263
5	33.0	10	312

Refrigerante - R134a

Material de isolamento-Poliestireno

Temperatura inicial do armário - 5 °C

Tabela 5.22 Alteração da temperatura para o fluido frigorigéneo R134a e o isolamento de poliestireno

N.º Sr.	Temperatura ambiente em °C	Temperatura do armário em °C	Tempo em segundos
1	34.5	6	90
2	34.4	7	141
3	34.5	8	211
4	34.5	9	293
5	34.5	10	349

Refrigerante - R290

Material de isolamento - lã de vidro

Temperatura inicial do armário - 5 °C

Tabela 5.23 Alteração da temperatura para o fluido frigorigéneo R290 e o isolamento em lã de vidro

N.º Sr.	Temperatura ambiente em °C	Temperatura do armário em °C	Tempo em segundos
1	34.4	6	75
2	34.4	7	126
3	34.5	8	181
4	34.4	9	260
5	34.5	10	321

Refrigerante - R290

Material de isolamento-Poliestireno

Temperatura inicial do armário - 5 °C

Tabela 5.24 Alteração da temperatura para o refrigerante R290 e o isolamento de poliestireno

N.º Sr.	Temperatura ambiente em °C	Temperatura do armário em °C	Tempo em segundos
1	33.6	6	100
2	33.5	7	165
3	33.6	8	240
4	33.6	9	347
5	33.5	10	428

5.4 Cálculos de amostra para o quadro de observação 5.1:

1) Compressor Work:

$$\text{Compressor Work} = \frac{N \times 3600}{t \times 3200}$$

Where,

N = Number of pulses

T = time required for N pulses

$$\text{Compressor Work} = \frac{10 \times 3600}{190 \times 3200} = 59.21 \text{ W}$$

2) Refrigerating Effect:

$$\text{Refrigerating Effect} = \frac{N \times 3600}{t \times 3200}$$

Where,

N = Number of pulses

T = time required for N pulses

$$\text{Refrigerating Effect} = \frac{10 \times 3600}{800 \times 3200} = 14.06 \text{ W}$$

3) Actual COP:

$$\text{COP}_{actual} = \frac{\text{Refrigerating Effect}}{\text{Compressor Work}}$$

$$\text{COP}_{actual} = \frac{14.06}{59.21} = 0.237$$

4) **Theoretical Compressor Work:**

$$\text{Theoretical Compressor Work} = h_2 - h_1$$

Where,

h_2 = Enthaly of refrigerant vapour after compression in kJ/kg

h_1 = Enthaly of refrigerant vapour before compression in kJ/kg

$$\text{Theoretical Compressor Work} = 435 - 378$$

$$= 57 \text{ kJ/kg}$$

5) **Theoretical Refrigerating Effect:**

$$\text{Theoretical Refrigerating Effect} = h_1 - h_4$$

Where,

h_4 = Enthaly of refrigerant vapour after expanssion in kJ/kg

h_1 = Enthaly of refrigerant vapour before compression in kJ/kg

$$\text{Theoretical Refrigerating Effect} = 378 - 255$$

$$= 123 \text{ kJ/kg}$$

6) **Theoretical COP:**

$$\text{COP}_{\text{Theoratical}} = \frac{\text{Theoretical Refrigerating Effect}}{\text{Theoretical Compressor Work}}$$

$$\text{COP}_{\text{Theoratical}} = \frac{123}{57} = 2.15$$

7) **Heat added in evaporator by Conduction per unit area:**

$$Q_{\text{Cond}} = \frac{k \times (T_{amb} - T_{cab})}{b}$$

Where,

T_{amb} = Ambient Temperature

T_{cab} = Cabin Temperature = 5^0C

k = Thermal conductivity of insulating material in W/m^{0}C

b = Thickness of insulation in m

$$Q_{\text{Cond}} = \frac{0.04 \times (34.1 - 5)}{0.025}$$

$$= 46.56 \text{ W/m}^2$$

CAPÍTULO 6

RESULTADOS E DEBATES

6.1 Tabela de resultados para o refrigerante R134a, isolamento de lã de vidro e carga de 20 Watt:

Tabela 6.1 Resultados para o fluido frigorigéneo R134a, isolamento em lã de vidro e carga de 20 Watt

Tempo em minutos	Trabalho real do compressor (W)	Efeito de refrigeração real (W)	COPacto	QCond (W/m2)	Trabalho teórico do compressor (kJ/kg)	Efeito de refrigeração teórico (kJ/kg)	COPTh
15	59.21	14.06	0.24	46.56	57	123	2.16
30	59.21	14.06	0.24	46.4	52	125	2.4
45	59.21	14.06	0.24	46.4	52	126	2.42
60	59.21	14.06	0.24	46.56	52	133	2.56
75	59.21	14.06	0.24	46.4	56	131	2.34

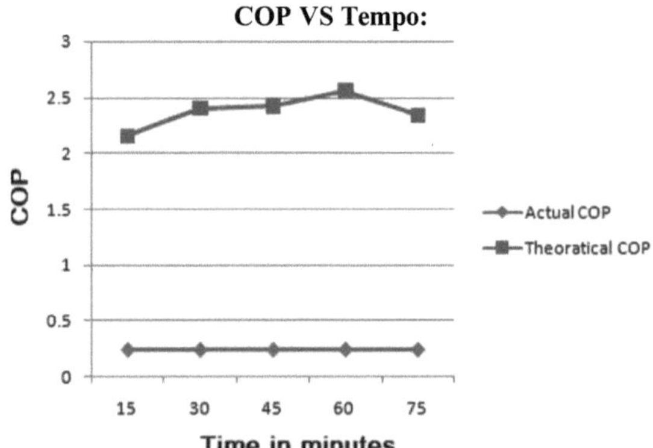

Gráfico No. 6.1 COP Vs Tempo

O Gráfico 6.1 mostra o efeito da mudança no tempo no COP teórico e real a uma carga de aquecimento de 20 Watt para o refrigerante R134a e isolamento de lã de vidro. O gráfico mostra que o COP real do sistema de refrigeração mantém um valor constante de 0,24 durante todo o período de teste. Os valores teóricos do COP são muito mais elevados do que os valores reais, uma vez que o valor mínimo do COP teórico é de 2,16 aos 15 minutos, que

34

aumenta ainda mais até ao valor máximo de 2,56 aos 60 minutos e depois diminui ligeiramente para 2,34 após 75 minutos. A diferença entre o COP teórico e o COP real deve-se às diferentes perdas presentes no ciclo real. Devido a estas perdas, o COP efetivo do sistema de refrigeração tem valores muito inferiores aos valores teóricos do COP. Quando as condições de estado estacionário são atingidas, não haverá qualquer adição de calor ao sistema, pelo que o frigorífico só tem de trabalhar para manter a temperatura do espaço refrigerado, pelo que não haverá alteração nas características de desempenho do sistema de refrigeração, pelo que o COP do sistema de refrigeração permanecerá constante em relação ao tempo. As flutuações observadas no COP do sistema em função do tempo devem-se às flutuações das condições ambientais na envolvente do sistema de refrigeração.

6.2 Tabela de resultados para o refrigerante R134a, isolamento de lã de vidro e carga de 25 Watt:

Tabela 6.2 Resultados para o fluido frigorigéneo R134a, isolamento em lã de vidro e carga de 25 Watt

Tempo em minutos	Trabalho real do compressor (W)	Efeito de refrigeração real (W)	COPacto	QCond (W/m2)	Trabalho teórico do compressor (kJ/kg)	Efeito de refrigeração teórico (kJ/kg)	COPTh
15	62.5	17.05	0.28	46.4	50	127	2.54
30	62.5	17.05	0.28	46.24	47	128	2.72
45	62.5	17.05	0.28	46.24	45	130	2.89
60	62.5	17.05	0.28	46.08	53	127	2.4
75	62.5	17.05	0.28	46.08	53	127	2.4

COP VS Tempo:

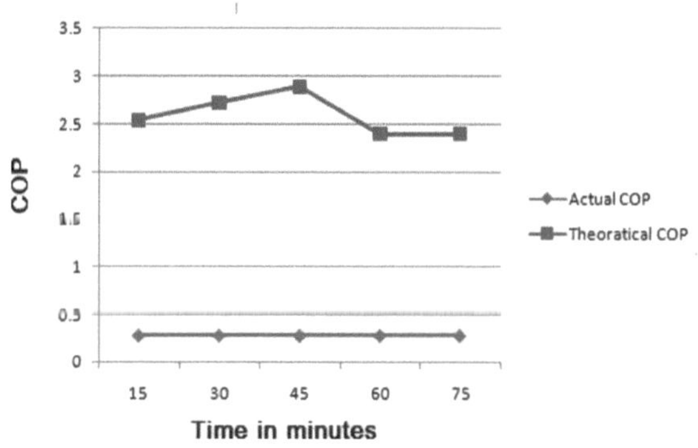

Gráfico No. 6.2 COP Vs Tempo

A partir do gráfico 6.2 pode ser observado o coeficiente de desempenho do sistema de refrigeração calculado pelo método teórico e real com a mudança no tempo. Neste gráfico, pode observar-se que, com a alteração do tempo de 0 minutos para 75 minutos, o COP real do sistema de refrigeração mantém um valor constante de 0,28, mas o valor teórico do COP muda. Aos 15 minutos, o COP teórico é de 2,54, aumentando para 2,89 aos 45 minutos, que é o valor máximo neste caso, e novamente cai para 2,4 aos 60 minutos, permanecendo constante até 75 minutos.

6.3 Tabela de resultados para o refrigerante R134a, isolamento de lã de vidro e carga de 30 Watt:

Tabela 6.3 Resultados para o fluido frigorigéneo R134a, isolamento em lã de vidro e carga de 30 Watt

Tempo em minutos	Trabalho real do compressor (W)	Efeito de refrigeraçã o real (W)	COPac to	QCond (W/m2)	Trabalho teórico do compresso r (kJ/kg)	Efeito de refrigeraçã o teórico (kJ/kg)	COPT h
15	70.31	19.4	0.28	45.44	53	127	2.4
30	70.31	19.4	0.28	45.28	53	127	2.4
45	72.58	19.4	0.27	45.44	55	129	2.35
60	70.31	19.4	0.28	45.28	55	129	2.35
75	70.31	19.4	0.28	45.28	55	129	2.35

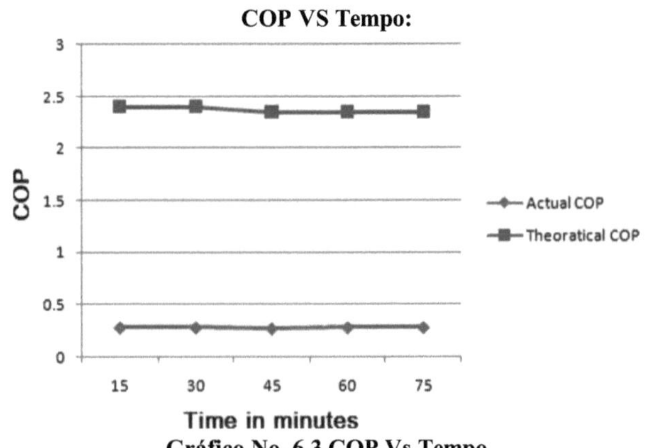

Gráfico No. 6.3 COP Vs Tempo

O Gráfico 6.3 mostra a mudança no COP do sistema de refrigeração em relação ao tempo. Pode ser observado a partir dos resultados e deste gráfico que os valores teóricos e reais do coeficiente de desempenho do sistema de refrigeração permanecem constantes em relação ao tempo. Pode observar-se que, para observações superiores a 75 minutos, o COP teórico e real permanecem constantes em 2,35 e 0,28, respetivamente. O valor mais baixo do COP real mostra que há muitas perdas presentes no sistema de refrigeração.

6.4 Tabela de resultados para o refrigerante R134a, isolamento em lã de vidro e carga de 35 Watt:

Tabela 6.4 Resultados para o fluido frigorígeneo R134a, isolamento em lã de vidro e carga de 35 Watt

Tempo em minutos	Trabalho real do compressor (W)	Efeito de refrigeração real (W)	COPacto	QCond (W/m2)	Trabalho teórico do compressor (kJ/kg)	Efeito de refrigeração teórico (kJ/kg)	COPTh
15	80.36	23.94	0.3	45.44	48	130	2.71
30	79.23	23.94	0.31	45.28	48	136	2.83
45	79.23	23.94	0.31	45.44	52	136	2.62
60	78.13	23.94	0.31	45.44	48	136	2.83
75	80.36	23.94	0.3	45.44	52	136	2.62

COP VS Tempo:

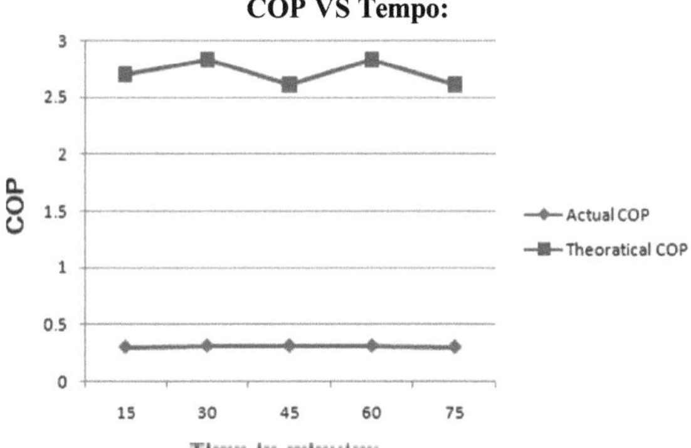

Gráfico No. 6.4 COP Vs Tempo

Observando o gráfico 6.4, pode-se ver que o COP real do sistema de refrigeração é constante em relação ao tempo e o COP teórico flutua em pequena quantidade na carga de aquecimento de 40 Watt. Pode-se observar que o valor do COP real é mantido em 0,3 apesar da mudança no tempo, mas o COP teórico varia do valor mínimo de 2,62 ao valor máximo de 2,83.

6.5 Tabela de resultados para o refrigerante R134a, isolamento em lã de vidro e carga de 40 Watt:

Tabela 6.5 Resultados para o fluido frigorigéneo R134a, isolamento em lã de vidro e carga de 40 watts

Tempo em minutos	Trabalho real do compressor (W)	Efeito de refrigeraçã o real (W)	COPacto	QCond (W/m2)	Trabalho teórico do compressor (kJ/kg)	Efeito de refrigeraçã o teórico (kJ/kg)	COPTh
15	86.54	29.61	0.35	44.96	54	131	2.43
30	86.54	29.61	0.35	44.96	52	136	2.62
45	86.54	29.61	0.35	44.8	52	136	2.62
60	86.54	29.61	0.35	44.96	52	136	2.62
75	86.54	29.61	0.35	44.96	52	135	2.62

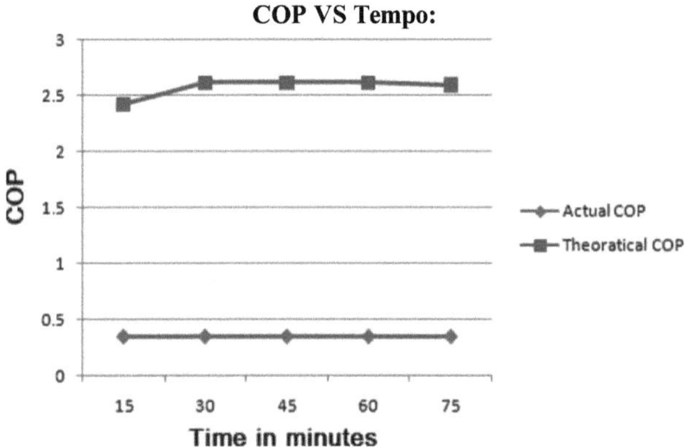

Gráfico No. 6.5 COP Vs Tempo

O Gráfico 6.5 mostra o COP teórico e real do sistema de refrigeração que funciona com sistema de compressão de vapor a uma carga de aquecimento de 40 Watt para o refrigerante R134a e isolamento de lã de vidro com alteração no tempo. A partir deste gráfico, pode observar-se que o COP teórico e o COP real do frigorífico têm valores constantes de 2,62 e 0,35, respetivamente.

6.6 Tabela de resultados para o refrigerante R134a, isolamento de poliestireno e carga de 20 Watt:

Tabela 6.6 Resultados para o refrigerante R134a, isolamento de poliestireno e carga de 20 Watt

Tempo em minutos	Trabalho real do compressor (W)	Efeito de refrigeração real (W)	COPacto	QCond (W/m2)	Trabalho teórico do compressor (kJ/kg)	Efeito de refrigeração teórico (kJ/kg)	COPTh
15	56.25	14.42	0.26	47.84	67	120	1.79
30	56.25	14.42	0.26	47.68	57	123	2.16
45	56.25	14.42	0.26	47.68	52	136	2.62
60	56.25	14.42	0.26	47.84	48	136	2.83
75	56.25	14.42	0.26	47.84	52	136	2.62

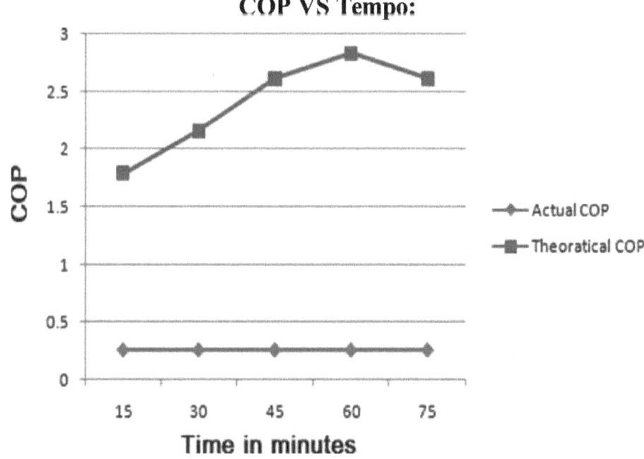

Gráfico No. 6.6 COP Vs Tempo

A partir do gráfico 6.6, pode ser observado que o COP do sistema de refrigeração que funciona no sistema de compressão de vapor a 40 Watt de carga para o refrigerante R134a e isolamento de poliestireno permanece constante com a mudança no tempo para o COP real e aumenta no caso do COP teórico. Inicialmente, aos 15 minutos, o COP teórico é de 1,79, aumentando depois para 2,16 aos 30 minutos, 2,62 aos 45 minutos e 2,83 aos 60 minutos. O COP teórico diminui depois aos 75 minutos para 2,62. Todas estas flutuações no COP teórico devem-se à alteração das condições atmosféricas do espaço em redor da máquina de refrigeração.

6.7 Tabela de resultados para o refrigerante R134a, isolamento de poliestireno e carga de 25 Watt:

Tabela 6.7 Resultados para o refrigerante R134a, isolamento de poliestireno e carga de 25 Watt

Tempo em minutos	Trabalho real do compressor (W)	Efeito de refrigeração real (W)	COPacto	QCond (W/m2)	Trabalho teórico do compressor (kJ/kg)	Efeito de refrigeração teórico (kJ/kg)	COPTh
15	62.5	18.75	0.3	45.12	50	130	2.6
30	62.5	18.75	0.3	45.92	52	136	2.62
45	62.5	18.75	0.3	46.24	52	136	2.62
60	62.5	18.75	0.3	45.6	50	130	2.6
75	63.56	18.75	0.3	45.76	51	134	2.63

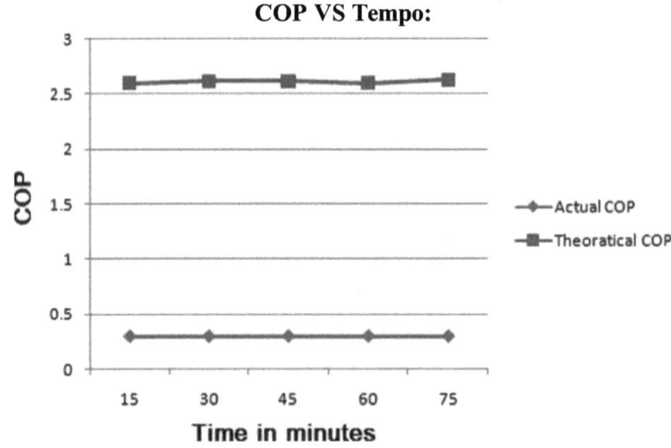

Gráfico No. 6.7 COP Vs Tempo

A partir do gráfico 6.7, o COP teórico e real do sistema de refrigeração pode ser observado nas condições de carga de 25 Watt para o refrigerante R134a e o isolamento de poliestireno com a mudança no tempo. A partir do gráfico, pode ser observado que os valores teóricos de COP são maiores em cada período de tempo do que o COP real. E tanto o COP teórico como o real permanecem constantes em relação ao tempo.

6.8 Tabela de resultados para o refrigerante R134a, isolamento de poliestireno e carga de 30 Watt:

Tabela 6.8 Resultados para o refrigerante R134a, isolamento de poliestireno e carga de 30 Watt

Tempo em minutos	Trabalho real do compressor (W)	Efeito de refrigeração real (W)	COPacto	QCond (W/m2)	Trabalho teórico do compressor (kJ/kg)	Efeito de refrigeração o teórico (kJ/kg)	COPTh
15	62.5	20.99	0.34	45.92	50	130	2.6
30	62.5	20.99	0.34	45.92	50	130	2.6
45	62.5	20.99	0.34	46.08	48	130	2.71
60	62.5	20.99	0.34	45.76	50	130	2.6
75	62.5	20.99	0.34	45.92	49	130	2.65

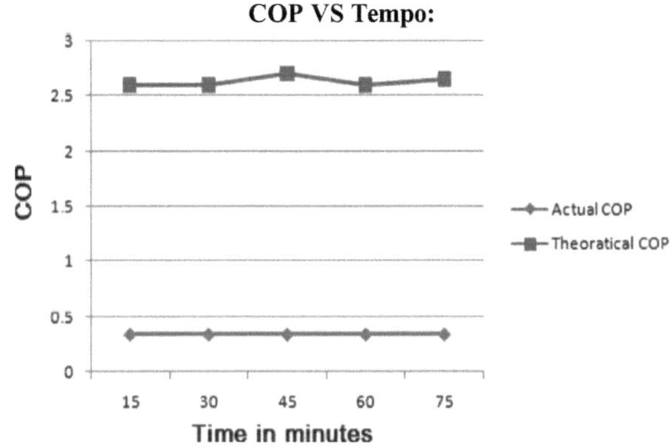

Gráfico No. 6.8 COP Vs Tempo

O Gráfico 6.8 mostra o comportamento do sistema de refrigeração que trabalha com o refrigerante R134a e no qual o isolamento de poliestireno é fornecido em torno da cabine do evaporador a uma carga de 30 Watt. Pode ser observado neste gráfico que tanto o COP real quanto o teórico do sistema de refrigeração permanecem inalterados com a mudança no tempo, uma pequena variação nestes valores pode ser observada devido à flutuação nas condições ambientais. O COP real é constante durante todo o período de tempo em 0,34, mas o COP teórico flutua de 2,6 a 2,71.

41

6.9 Tabela de resultados para o refrigerante R134a, isolamento de poliestireno e carga de 35 Watt:

Tabela 6.9 Resultados para o refrigerante R134a, isolamento de poliestireno e carga de 35 Watt

Tempo em minutos	Trabalho real do compressor (W)	Efeito de refrigeração real (W)	COPacto	QCond (W/m2)	Trabalho teórico do compressor (kJ/kg)	Efeito de refrigeração teórico (kJ/kg)	COPTh
15	75	29.61	0.4	47.52	57	123	2.16
30	72.58	29.61	0.41	47.2	57	123	2.16
45	72.58	29.61	0.41	47.36	50	134	2.68
60	72.58	29.61	0.41	47.36	49	135	2.76
75	72.58	29.61	0.41	47.36	50	134	2.68

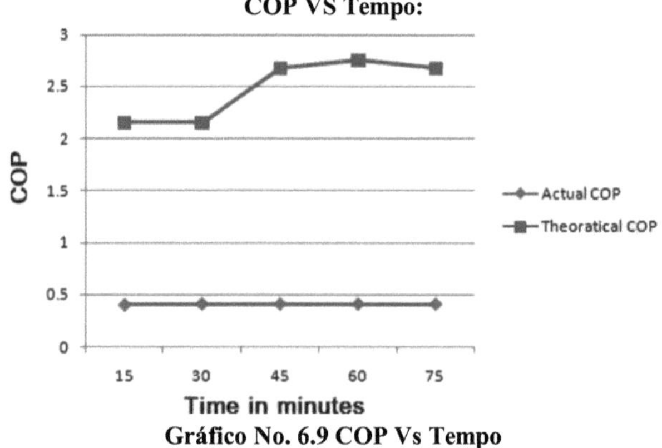

Gráfico No. 6.9 COP Vs Tempo

O Gráfico 6.9 mostra o comportamento do sistema de refrigeração por compressão de vapor na forma de COP calculado pelos métodos de cálculo teórico e real para o refrigerante R134a, isolamento de poliestireno e carga de aquecimento de 35 Watt. A partir deste gráfico, pode ser observado que o COP real é constante no valor de 0,41, mas o COP teórico muda em relação ao tempo. Inicialmente, aos 15 minutos, o COP teórico é de 2,16 e mantém-se constante até aos 30 minutos. O COP teórico aumenta para 2,68 aos 45 minutos e volta a aumentar para 2,76 aos 60 minutos e depois diminui para 2,68 aos 75 minutos. Estas flutuações no COP podem ser causadas por alterações nas temperaturas atmosféricas, movimento do ar e outros factores ambientais.

6.10Tabela de resultados para o refrigerante R134a, isolamento de poliestireno e carga de 40 Watt:

Tabela 6.10 Resultados para o refrigerante R134a, isolamento de poliestireno e carga de 40 Watt

Tempo em minutos	Trabalho real do compressor (W)	Efeito de refrigeraçã o real (W)	COPac to	QCond (W/m2)	Trabalho teórico do compresso r (kJ/kg)	Efeito de refrigeraçã o teórico (kJ/kg)	COPT h
15	77.59	32.14	0.42	47.68	54	128	2.37
30	77.59	32.14	0.42	47.84	49	135	2.76
45	77.59	32.14	0.42	48	49	130	2.65
60	77.59	32.14	0.42	47.68	48	130	2.71
75	77.59	32.14	0.42	47.68	52	137	2.63

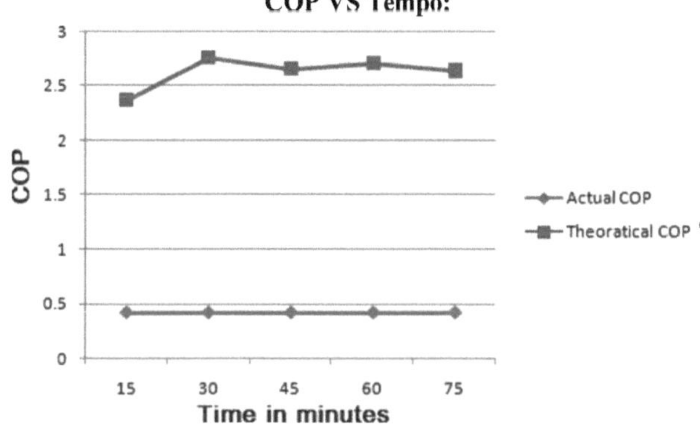

Gráfico No. 6.10 COP Vs Tempo

Observando o gráfico 6.10, pode-se ver que o COP real do sistema de refrigeração é constante em relação ao tempo e o COP teórico flutua por uma pequena quantidade na carga de aquecimento de 40 Watt. Pode ser observado que o valor do COP real é mantido em 0,42 apesar da mudança no tempo. Mas o COP teórico flutua ligeiramente entre os valores mínimo de 2,37 e máximo de 2,76. Como o estado estacionário é mantido e não é adicionada qualquer carga extra ao sistema, ambos os valores do COP real e do COP teórico devem permanecer constantes, mas ligeiras flutuações no COP teórico podem resultar de flutuações nas condições atmosféricas.

6.11 Tabela de resultados para o refrigerante R290, isolamento de lã de vidro e carga de 20 Watt:

Tabela 6.11 Resultados para o refrigerante R290, isolamento de lã de vidro e carga de 20 watts

Tempo em minutos	Trabalho real do compressor (W)	Efeito de refrigeração real (W)	COPacto	QCond (W/m2)	Trabalho teórico do compressor (kJ/kg)	Efeito de refrigeração teórico (kJ/kg)	COPTh
15	59.21	14.33	0.25	46.72	41	119	2.9
30	59.21	14.33	0.25	46.56	41	119	2.9
45	59.21	14.33	0.25	46.72	41	119	2.9
60	59.21	14.33	0.25	46.56	41	119	2.9
75	59.21	14.33	0.25	46.4	41	119	2.9

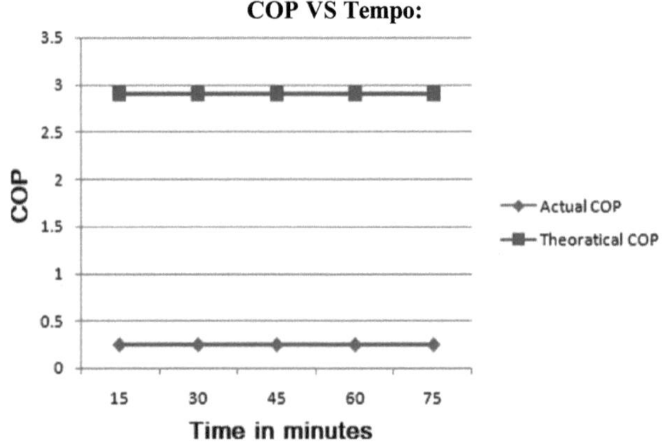

Gráfico No. 6.11 COP Vs Tempo

O Gráfico 6.11 mostra o COP teórico e real do sistema de refrigeração que funciona com o sistema de compressão de vapor a uma carga de aquecimento de 20 Watt para o refrigerante R290 e o isolamento de lã de vidro com alteração no tempo. O gráfico mostra que, tanto para o COP real como para o COP teórico, os valores são constantes em relação ao tempo. Para o COP efetivo é de 0,25 e para o COP teórico é de 2,9.

6.12 Tabela de resultados para o refrigerante R290, isolamento de lã de vidro e carga de 25 Watt:

Tabela 6.12 Resultados para o refrigerante R290, isolamento de lã de vidro e carga de 25 Watt

Tempo em minutos	Trabalho real do compressor (W)	Efeito de refrigeração real (W)	COPacto	QCond (W/m2)	Trabalho teórico do compressor (kJ/kg)	Efeito de refrigeração teórico (kJ/kg)	COPTh
15	62.5	17.86	0.29	47.2	41	119	2.9
30	62.5	17.86	0.29	47.36	41	119	2.9
45	62.5	17.86	0.29	47.2	41	119	2.9
60	62.5	17.86	0.29	47.36	41	119	2.9
75	62.5	17.86	0.29	47.36	41	119	2.9

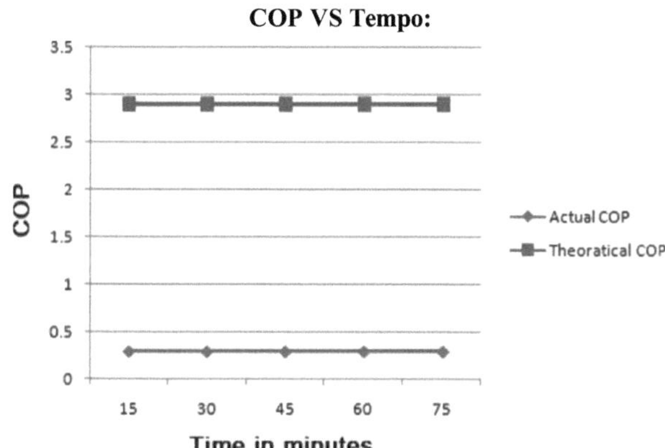

Gráfico No. 6.12 COP Vs Tempo

A partir do gráfico 6.12, o COP teórico e real do sistema de refrigeração pode ser observado em condições de carga de 25 Watt para o refrigerante R290, isolamento de lã de vidro. O gráfico também indica que, devido a várias perdas presentes no sistema atual, os valores reais do COP do frigorífico são muito inferiores aos valores teóricos.

6.13 Tabela de resultados para o refrigerante R290, isolamento de lã de vidro e carga de 30 Watt:

Tabela 6.13 Resultados para o refrigerante R290, isolamento de lã de vidro e carga de 30 watts

Tempo em minutos	Trabalho real do compressor (W)	Efeito de refrigeração real (W)	COPacto	QCond (W/m2)	Trabalho teórico do compressor (kJ/kg)	Efeito de refrigeração teórico (kJ/kg)	COPTh
15	66.18	20.45	0.31	48.16	40	116	2.9
30	66.18	20.45	0.31	48.16	41	119	2.9
45	66.18	20.45	0.31	48	41	119	2.9
60	66.18	20.45	0.31	48	41	119	2.9
75	66.18	20.27	0.31	47.84	41	119	2.9

COP VS Tempo:

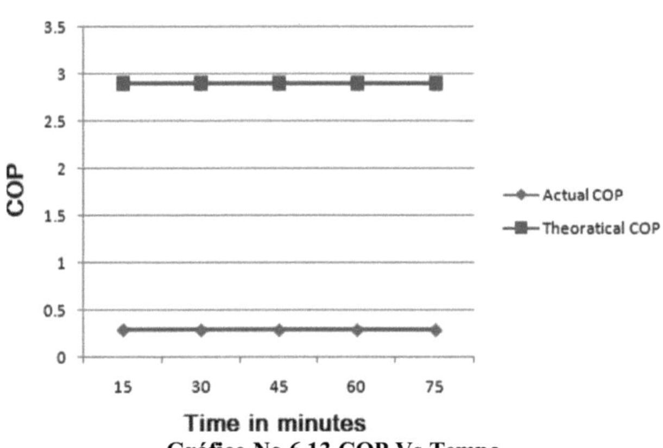

Gráfico No.6.13 COP Vs Tempo

O Gráfico 6.13 mostra o comportamento do sistema de refrigeração por compressão de vapor pelos métodos de cálculo teórico e real do refrigerante R290, isolamento de lã de vidro e carga de aquecimento de 35 Watt. O gráfico mostra os valores constantes do COP em relação ao tempo, uma vez que não há calor adicionado ao sistema, as características de desempenho do frigorífico permanecem constantes em relação ao tempo.

6.14 Tabela de resultados para o refrigerante R290, isolamento de lã de vidro e carga de 35 Watt:

Tabela 6.14 Resultados para o refrigerante R290, isolamento de lã de vidro e carga de 35 watts

Tempo em minutos	Trabalho real do compressor (W)	Efeito de refrigeraçã o real (W)	COPac to	QCond (W/m2)	Trabalho teórico do compresso r (kJ/kg)	Efeito de refrigeraçã o teórico (kJ/kg)	COPT h
15	70.31	28.13	0.41	47.2	41	119	2.9
30	70.31	28.13	0.41	47.2	39	117	3
45	70.31	28.13	0.41	47.04	39	117	3
60	70.31	28.13	0.41	47.2	41	119	2.9
75	70.31	28.13	0.41	47.04	41	119	2.9

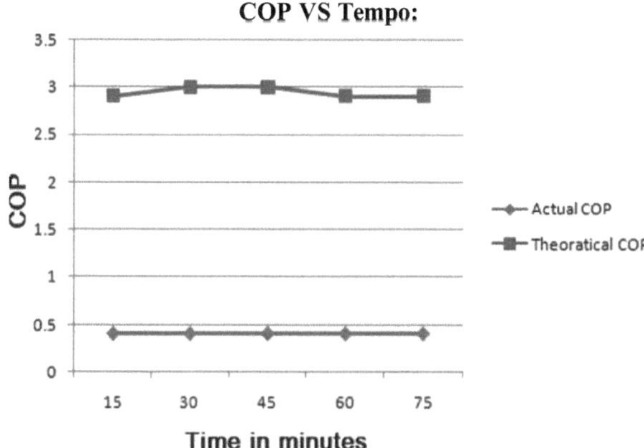

Gráfico No. 6.14 COP Vs Tempo

O Gráfico 6.14 mostra o desempenho do sistema na forma de COP real e COP teórico em relação ao tempo em condições de carga de 35 Watt para o refrigerante R290 e isolamento de lã de vidro na cabine do evaporador. O COP do refrigerador é constante e é 0,41 nos cálculos reais e 2,9 nos cálculos teóricos.

6.15 Tabela de resultados para o refrigerante R290, isolamento de lã de vidro e carga de 40 Watt:

Tabela 6.15 Resultados para o refrigerante R290, isolamento de lã de vidro e carga de 40 watts

Tempo em minutos	Trabalho real do compressor (W)	Efeito de refrigeração real (W)	COPacto	QCond (W/m2)	Trabalho teórico do compressor (kJ/kg)	Efeito de refrigeração teórico (kJ/kg)	COPTh
15	72.58	31.25	0.44	48.32	39	117	3
30	75	31.25	0.42	48	39	117	3
45	75	31.25	0.42	48.16	39	117	3
60	75	31.25	0.42	48.32	41	119	2.9
75	75	31.25	0.42	48.32	41	119	2.9

COP VS Tempo:

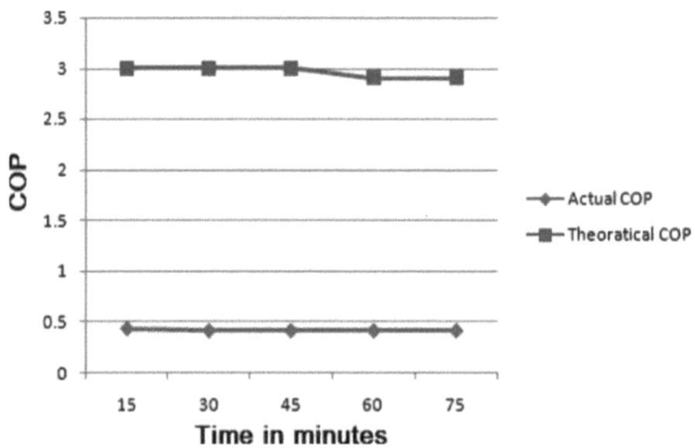

Gráfico No. 6.15 COP Vs Tempo

A partir do gráfico 6.15, pode ser observado que o COP do sistema de refrigeração que trabalha no sistema de compressão de vapor a 40 Watt de carga para o refrigerante R290 e o isolamento de lã de vidro permanece constante com a mudança no tempo para o COP teórico e real. Este gráfico também mostra que existem algumas flutuações muito pequenas nestes valores, mas em toda esta observação o COP teórico flutua em torno de 3 e o COP real flutua em torno de 0,42.

6.16 Tabela de resultados para o refrigerante R290, isolamento de poliestireno e carga de 20 Watt:

Tabela 6.16 Resultados para o refrigerante R290, isolamento de poliestireno e carga de 20 Watt

Tempo em minutos	Trabalho real do compressor (W)	Efeito de refrigeraçã o real (W)	COPac to	QCond (W/m2)	Trabalho teórico do compresso r (kJ/kg)	Efeito de refrigeraçã o teórico (kJ/kg)	COPT h
15	56.25	15.2	0.28	48	41	119	2.9
30	56.25	15.2	0.28	48.16	41	119	2.9
45	56.25	15.2	0.28	48	41	119	2.9
60	56.25	15.2	0.28	48.32	41	119	2.9
75	56.25	15.2	0.28	48.16	41	119	2.9

COP VS Tempo:

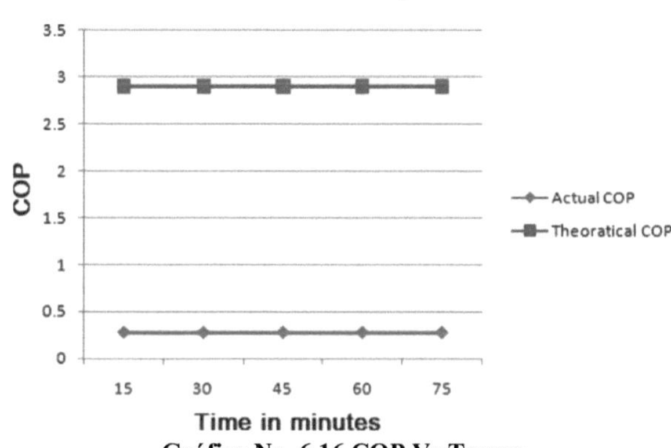

Gráfico No. 6.16 COP Vs Tempo

O Gráfico 6.16 mostra o COP teórico e real do sistema de refrigeração que funciona com sistema de compressão de vapor a uma carga de aquecimento de 20 Watt para o refrigerante R290 c o isolamento de poliestireno com alteração no tempo. A partir deste gráfico, pode observar-se que os valores teórico e real do COP são constantes e têm valores de 0,28 e 2,9, respetivamente.

6.17 Tabela de resultados para o refrigerante R290, isolamento de poliestireno e carga de 25 Watt:

Tabela 6.17 Resultados para o refrigerante R290, isolamento de poliestireno e carga de 25 Watt

Tempo em minutos	Trabalho real do compressor (W)	Efeito de refrigeraçã o real (W)	COPac to	QCond (W/m2)	Trabalho teórico do compresso r (kJ/kg)	Efeito de refrigeraçã o teórico (kJ/kg)	COPT h
15	59.21	19.07	0.33	47.2	39	116	2.97
30	59.21	19.07	0.33	47.04	34	140	4.12
45	59.21	19.07	0.33	47.2	40	120	3
60	59.21	19.07	0.33	47.2	40	120	3
75	59.21	19.07	0.33	47.2	40	120	3

COP VS Tempo:

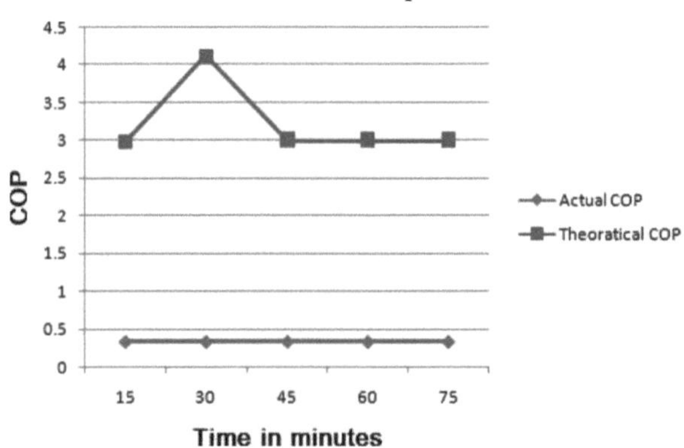

Gráfico No. 6.17 COP Vs Tempo

O Gráfico 6.17 mostra o comportamento do sistema de refrigeração que trabalha com o refrigerante R290 e no qual o isolamento de poliestireno é fornecido em torno da cabine do evaporador a uma carga de 25 Watt. Tanto o COP real quanto o teórico do sistema de refrigeração são quase constantes em relação ao tempo. E os valores teóricos do COP do frigorífico são mais elevados, uma vez que o sistema real contém muitas perdas que diminuem o COP do sistema quando calculado pelo método real.

6.18 Tabela de resultados para o refrigerante R290, isolamento de poliestireno e carga de 30 Watt:

Tabela 6.18 Resultados para o refrigerante R290, isolamento de poliestireno e carga de 30 Watt

Tempo em minutos	Trabalho real do compressor (W)	Efeito de refrigeração real (W)	COPacto	QCond (W/m2)	Trabalho teórico do compressor (kJ/kg)	Efeito de refrigeração teórico (kJ/kg)	COPTh
15	66.18	23.44	0.36	47.2	40	124	3.1
30	66.18	23.44	0.36	47.04	40	124	3.1
45	66.18	23.44	0.36	47.2	40	124	3.1
60	66.18	23.44	0.36	47.2	37	139	3.76
75	66.18	23.44	0.36	47.04	37	139	3.76

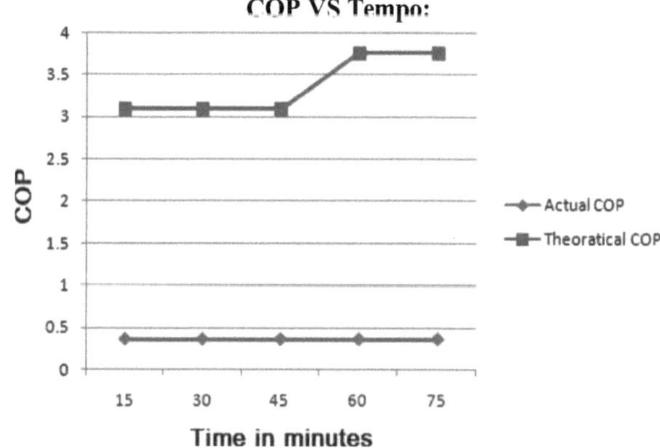

Gráfico No. 6.18 COP Vs Tempo

O Gráfico 6.18 mostra a mudança no COP do sistema de refrigeração em relação ao tempo para o sistema de refrigeração que trabalha com o refrigerante R290, no qual o isolamento de poliestireno é aplicado ao redor da cabine do evaporador e a carga de aquecimento de 30 Watt está presente dentro da cabine do evaporador. Pode ser observado a partir dos resultados e deste gráfico que os valores teóricos e reais do coeficiente de desempenho do sistema de refrigeração permanecem constantes em relação ao tempo. Como mostra o gráfico, o COP real é constante e tem valores de 0,36 e o COP teórico mostra o valor de 3,1 para 0 a 45 minutos e depois aumenta para 3,76 aos 60 minutos e permanece constante até 75 minutos.

6.19 Tabela de resultados para o refrigerante R290, isolamento de poliestireno e carga de 35 Watt:

Tabela 6.19 Resultados para o refrigerante R290, isolamento de poliestireno e carga de 35 Watt

Tempo em minutos	Trabalho real do compressor (W)	Efeito de refrigeração real (W)	COPacto	QCond (W/m2)	Trabalho teórico do compressor (kJ/kg)	Efeito de refrigeração teórico (kJ/kg)	COPTh
15	75	31.25	0.42	46.56	37	139	3.76
30	75	31.25	0.42	46.4	37	139	3.76
45	75	31.25	0.42	46.56	36	138	3.83
60	75	31.25	0.42	46.56	36	138	3.83
75	75	31.25	0.42	46.4	36	138	3.83

COP VS Tempo:

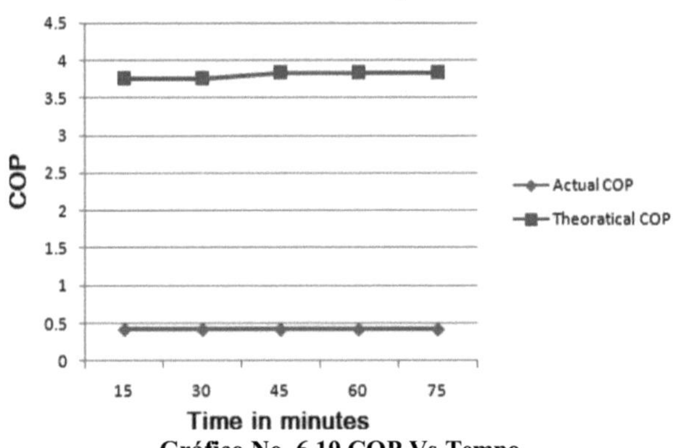

Gráfico No. 6.19 COP Vs Tempo

O Gráfico 6.19 mostra o desempenho do sistema na forma de COP real e COP teórico em relação ao tempo em condições de carga de 35 Watt para o refrigerante R290 e material isolante de poliestireno na cabine do evaporador. A partir deste gráfico, pode observar-se que os valores reais e teóricos do COP do frigorífico são constantes e que os valores do COP real são inferiores aos valores do COP teórico.

6.20 Tabela de resultados para o refrigerante R290, isolamento de poliestireno e carga de 40 Watt:

Tabela 6.20 Resultados para o refrigerante R290, isolamento de poliestireno e carga de 40 Watt

Tempo em minutos	Trabalho real do compressor (W)	Efeito de refrigeraçã o real (W)	COPac to	QCond (W/m2)	Trabalho teórico do compresso r (kJ/kg)	Efeito de refrigeraçã o teórico (kJ/kg)	COPT h
15	80.36	34.09	0.43	46.72	36	138	3.83
30	80.36	34.09	0.43	46.56	39	123	3.15
45	80.36	34.09	0.43	46.56	36	138	3.83
60	80.36	34.09	0.43	46.72	36	138	3.83
75	80.36	34.09	0.43	46.56	36	138	3.83

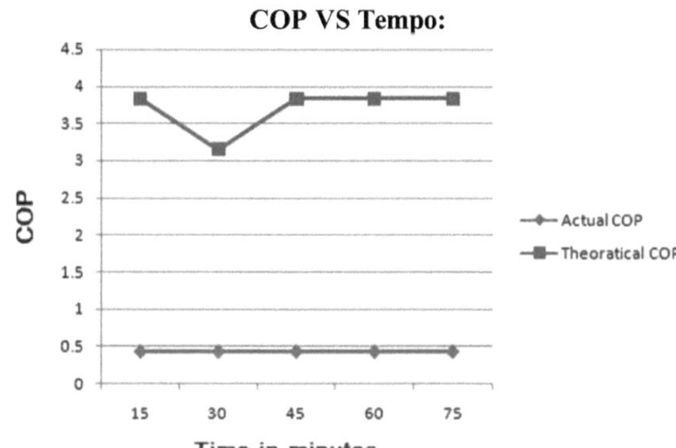

Gráfico No. 6.20 COP Vs Tempo

O gráfico 6.20 mostra os valores reais e teóricos do coeficiente de desempenho com a mudança no tempo. Pode observar-se a partir do gráfico que os valores teóricos do COP do frigorífico são mais elevados do que os valores reais do COP. Isto deve-se ao facto de o sistema de compressão de vapor real sofrer muitas perdas no sistema, o que diminui o seu COP em comparação com o ciclo teórico. Para todas as leituras efectuadas após cada 15 minutos, o COP real é constante 0,43, o COP teórico também é constante para todos os casos 3,83, mas desce ligeiramente aos 30 minutos para 3,15.

Efeito do tempo e da alteração do material de isolamento no efeito de refrigeração:
Para carga de aquecimento 20 Watt:

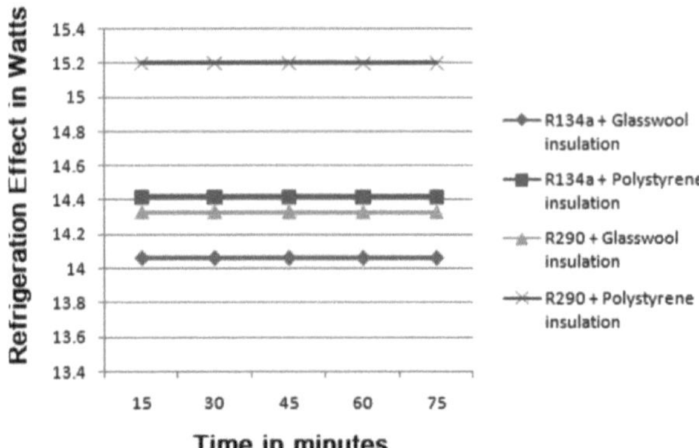

Gráfico n.º 6.21 Efeito de refrigeração Vs Tempo

A partir do gráfico 6.21, podem ser observadas comparações entre o efeito de refrigeração do sistema que funciona com o refrigerante R134a e o isolamento de lã de vidro, o refrigerante R134a e o isolamento de poliestireno, o refrigerante R290 e o isolamento de lã de vidro e o refrigerante R290 e o isolamento de poliestireno, com a variação do tempo. Observa-se que o efeito de refrigeração é constante em relação ao tempo para todas as condições de ensaio. O efeito de refrigeração do poliestireno é 2,56% superior ao do isolamento em lã de vidro quando o R134a é utilizado como refrigerante e 6% superior quando o R290 é utilizado como refrigerante.

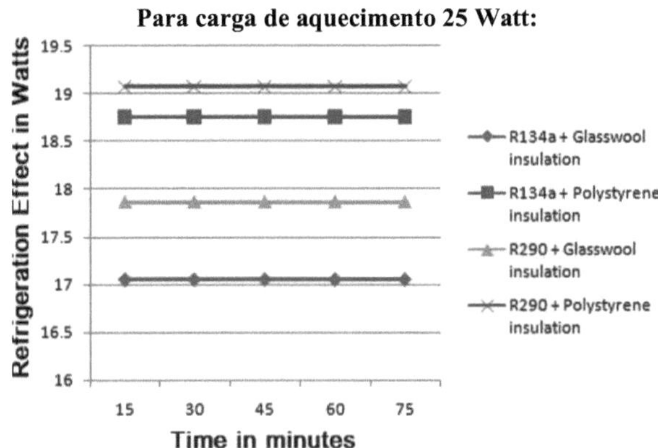

Gráfico n.º 6.22 Efeito de refrigeração Vs Tempo

54

O Gráfico 6.22 mostra o efeito de refrigeração em todas as diferentes combinações de refrigerante e isolamentos para o frigorífico a 25 Watt para a mudança no tempo. Pode ser observado a partir deste gráfico que o efeito de refrigeração do frigorífico em todos os casos acima referidos é constante em relação ao tempo, mas a alteração do refrigerante e do material de isolamento tem um efeito positivo no COP do frigorífico. Observa-se que o frigorífico que funciona com o refrigerante R290 e o isolamento de poliestireno tem um efeito de refrigeração máximo de 19,06 Watts. Este efeito de refrigeração diminui então para 18,75 Watts para o refrigerante R134a e o isolamento em poliestireno. Para o isolamento em lã de vidro, estes valores são 17,85 watts para o refrigerante R290 e 17,04 watts para o refrigerante R134a.

Para carga de aquecimento 30 Watt:

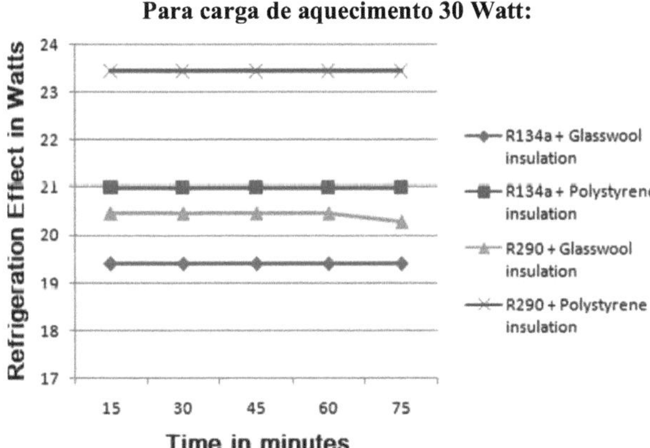

Gráfico n.º 6.23 Efeito de refrigeração Vs Tempo

O gráfico 6.23 acima mostra os valores do efeito de refrigeração após a aplicação dos refrigerantes R134a e R290 com isolamentos de lã de vidro e poliestireno a uma carga de aquecimento de 30 Watt. Este gráfico mostra que o isolamento de poliestireno tem melhor efeito de refrigeração do que o isolamento de lã de vidro em 8,2% para o refrigerante R134a e 14,5% para o refrigerante R290.

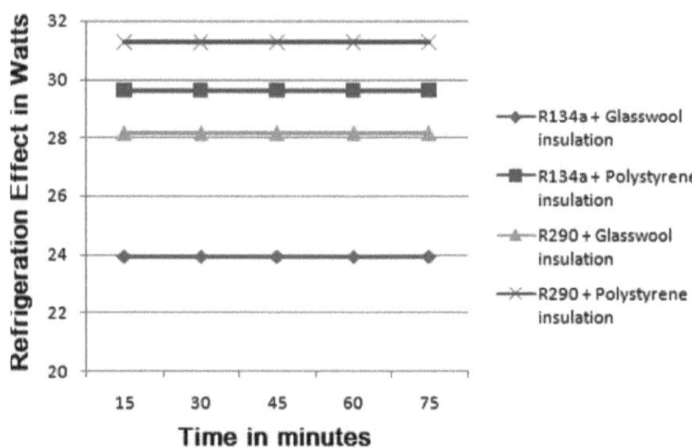

Gráfico n.º 6.24 Efeito de refrigeração Vs Tempo

O Gráfico 6.24 mostra o efeito da alteração do refrigerante, do isolamento e do tempo no efeito de refrigeração produzido pelo frigorífico. Pode ser observado a partir do gráfico que o COP do frigorífico é constante em relação ao tempo. Inicialmente, para o refrigerante R134a e o isolamento de lã de vidro, o trabalho de refrigeração é de 23,93 Watts, aumentando com a aplicação do isolamento de poliestireno para 29,6. Para o refrigerante R290, o efeito de refrigeração do frigorífico é de 28,12 watts, que aumenta para 31,25 watts com o isolamento de poliestireno.

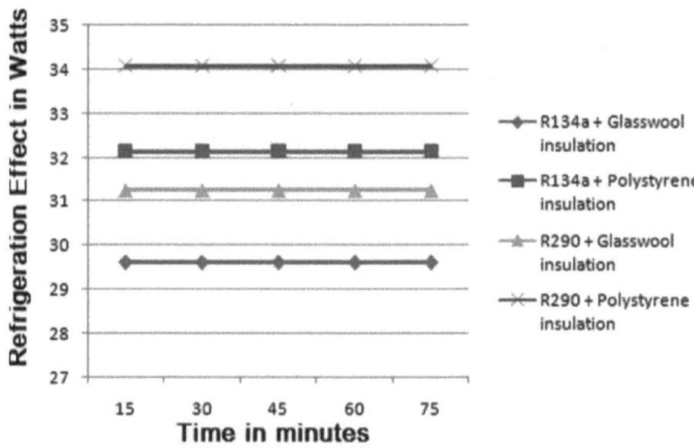

Gráfico n.º 6.25 Efeito de refrigeração Vs Tempo

O Gráfico 6.25 mostra o efeito de refrigeração do sistema do frigorífico que funciona com o ciclo de compressão de vapor para todas as diferentes combinações de refrigerante (R134a e R290) e isolamentos (lã de vidro e poliestireno) para o frigorífico com alteração no tempo a uma carga de aquecimento de 40 Watt. Pode ser observado a partir do gráfico que a utilização do refrigerante R290 com isolamento de poliestireno é a forma mais eficiente de aumentar o COP do frigorífico em todas as condições testadas.

Efeito do tempo e da alteração do material de isolamento no COP:

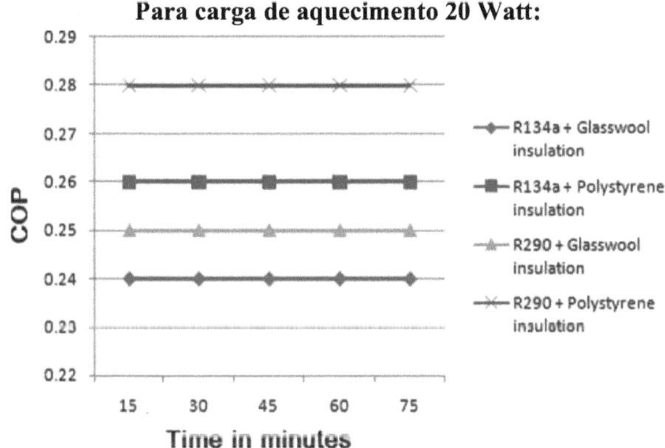

Gráfico No. 6.26 COP Vs Tempo

A partir do gráfico 6.26, pode observar-se que o COP do sistema de refrigeração permanece constante em relação ao tempo para todas as variantes das observações, ou seja, frigorífico com refrigerante R134a e isolamento de lã de vidro, refrigerante R134a e isolamento de poliestireno, refrigerante R290 e isolamento de lã de vidro e refrigerante R290 e isolamento de policstircno. Isto deve-se ao facto de que, quando se atinge o estado estacionário, não haverá qualquer carga adicional presente na máquina de refrigeração, pelo que esta só tem de trabalhar para manter a temperatura no interior da cabina do evaporador, pelo que todas as características de desempenho permanecem constantes em relação ao tempo. Observa-se também neste gráfico que o frigorífico com o fluido refrigerante R134a apresenta valores mais baixos de COP em comparação com o frigorífico com o fluido refrigerante R290 para ambos os isolamentos, o que mostra que o R290 tem melhores propriedades termodinâmicas e é um fluido refrigerante eficiente em comparação com o fluido refrigerante R134a para o desempenho do sistema de refrigeração por compressão de vapor. Observa-se também que, para ambos os refrigerantes, o isolamento em poliestireno é mais eficaz do que o isolamento em lã de vidro, uma vez que o COP dos isolamentos em poliestireno é mais elevado. Observa-se que o frigorífico com o fluido refrigerante R134a e o isolamento em lã de vidro tem um COP de 0,24, o fluido refrigerante R134a e o isolamento em poliestireno têm um COP de 0,26, o fluido refrigerante R290 e o isolamento em lã de vidro têm um COP de 0,25 e o fluido refrigerante R290 e o isolamento em poliestireno têm um COP de 0,28.

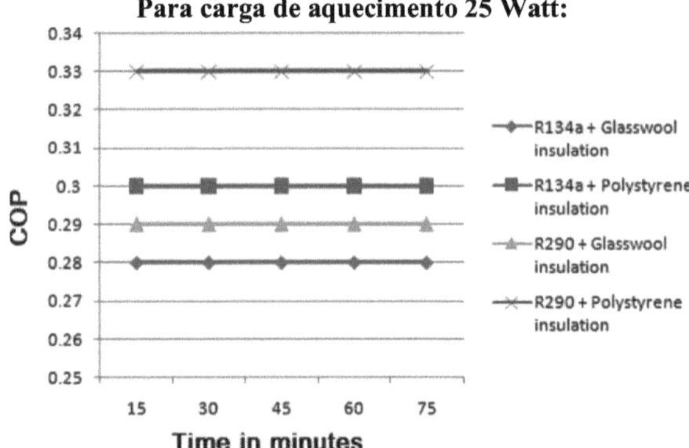

Gráfico No. 6.27 COP Vs Tempo

O Gráfico 6.24 mostra o efeito da alteração do refrigerante, do isolamento e do tempo no efeito de refrigeração produzido pelo frigorífico com uma carga de aquecimento de 25 Watt. Pode ser observado a partir deste gráfico que o COP do frigorífico em todos os casos acima são constantes em relação ao tempo, mas a alteração do refrigerante e do material de isolamento tem um efeito positivo no COP do frigorífico. Observa-se que o frigorífico que funciona com o refrigerante R290 e o isolamento de poliestireno tem um COP máximo de 0,33. Este COP diminui então para 0,3 para o refrigerante R134a e o isolamento de poliestireno. Para o isolamento em lã de vidro, estes valores são 0,29 para o refrigerante R290 e 0,28 para o refrigerante R134a.

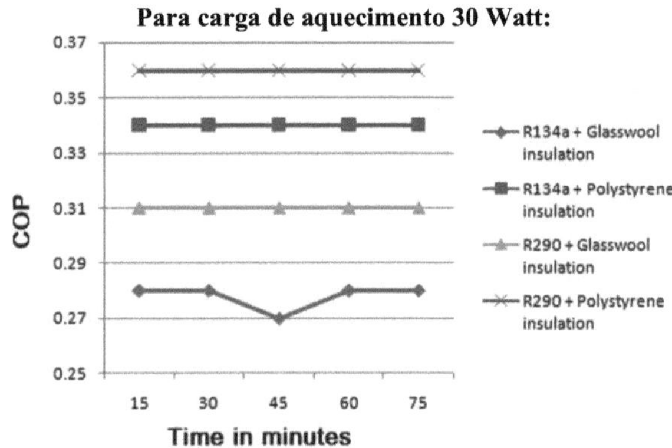

Gráfico No. 6.28 COP Vs Tempo

A partir do gráfico 6.28 acima, podem ser observados valores diferentes de COP após a aplicação dos refrigerantes R134a e R290 no sistema de refrigeração por compressão de vapor

58

com a aplicação de isolamentos de lã de vidro e poliestireno à volta da cabina do evaporador a uma carga de aquecimento de 30 Watt. O gráfico mostra que o COP do frigorífico é elevado se for utilizado o refrigerante R290 em vez do R134a. Também se pode observar no gráfico que o isolamento de poliestireno é eficiente para aumentar o COP do frigorífico em comparação com o isolamento de lã de vidro.

Para carga de aquecimento 35 Watt:

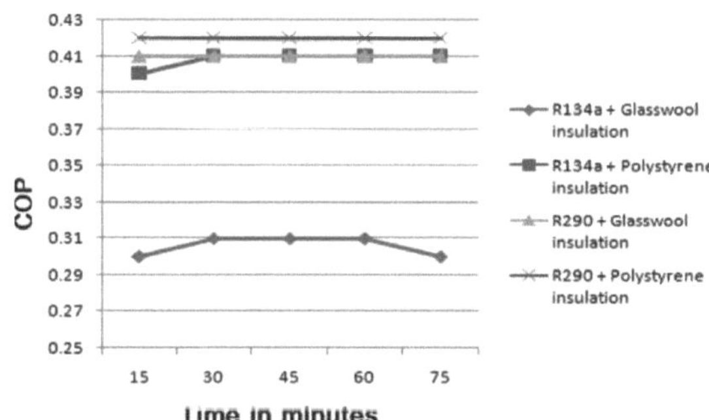

Gráfico No. 6.29 COP Vs Tempo

O Gráfico 6.29 mostra o COP do sistema do frigorífico que funciona no ciclo de compressão de vapor para todas as diferentes combinações de refrigerante (R134a e R290) e isolamentos (lã de vidro e poliestireno) para o frigorífico com uma carga de aquecimento de 35 Watt. A partir do gráfico, pode observar-se que, para o R134a e o isolamento de lã de vidro, o COP do frigorífico é de 0,3, aumentando para 0,4 para o R134a com isolamento de poliestireno. Do mesmo modo, para o frigorífico que funciona com o refrigerante R290, o COP é de 0,41 com o isolamento em lã de vidro, que aumenta para 0,42 com o isolamento em poliestireno.

Para carga de aquecimento 40 Watt:

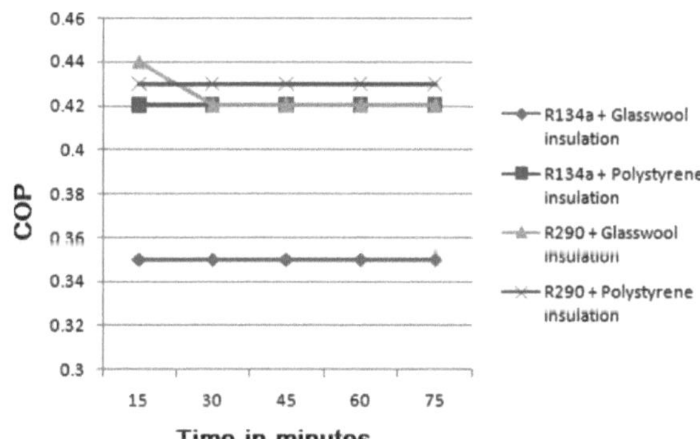

Gráfico No. 6.30 COP Vs Tempo

O Gráfico 6.21 mostra a comparação entre o COP do sistema a funcionar com o refrigerante R134a e o isolamento de lã de vidro, o refrigerante R134a e o isolamento de poliestireno, o refrigerante R290 e o isolamento de lã de vidro e o refrigerante R290 e o isolamento de poliestireno, que pode ser observado com a alteração no tempo a 40 Watt. Pode ser observado a partir do gráfico que o COP é constante para a mudança no tempo, mas para o isolamento de poliestireno aumenta em comparação com o isolamento de lã de vidro. Também mostra que o COP do frigorífico é melhor quando é utilizado o refrigerante R290.

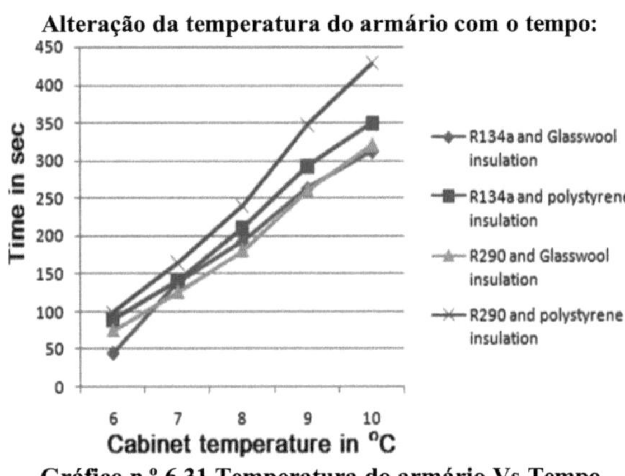

Gráfico n.º 6.31 Temperatura do armário Vs Tempo

O gráfico 6.31 mostra a diminuição da temperatura do armário em relação ao tempo quando a fonte de alimentação do frigorífico é cortada e o sistema de refrigeração não está a funcionar. Este gráfico mostra a capacidade do isolamento de manter a temperatura alcançada pela refrigeração. Pode observar-se no gráfico que, da temperatura inicial do armário de 5^0 C para 10^0 C, cada disposição demora um tempo diferente, uma vez que o calor perdido através do isolamento é diferente. Como o isolamento de poliestireno demora mais tempo a atingir a temperatura de 10^0 C, permite um fluxo mínimo de calor do ar circundante para o espaço refrigerado. A cabina do evaporador com isolamento de poliestireno demora 428 segundos a atingir a temperatura de 10^0 C com o refrigerante R290 e 349 segundos com o refrigerante R134a. Enquanto a cabina do evaporador isolada com lã de vidro demora 321 segundos para o refrigerante R290 e 312 segundos para o refrigerante R134a. O isolamento que tiver melhor resistência demorará mais tempo a aumentar a temperatura, pelo que o poliestireno é melhor isolamento do que a lã de vidro.

CAPÍTULO 7
CONCLUSÕES

Neste trabalho de investigação, procedeu-se à avaliação e comparação do desempenho do frigorífico doméstico utilizando diferentes tipos de materiais de isolamento e diferentes tipos de refrigerantes. O efeito de diferentes isolamentos e diferentes refrigerantes no desempenho do frigorífico é estudado. As conclusões retiradas dos resultados deste estudo são apresentadas neste capítulo.

[1]Observa-se que o COP real do frigorífico tem valores inferiores ao COP teórico. Pode concluir-se que o ciclo real do frigorífico tem muitas perdas que têm de ser superadas pelo ciclo de refrigeração, o que resulta num baixo COP do ciclo de refrigeração real

[2]Neste trabalho, são utilizados dois refrigerantes diferentes, ou seja, R134a e R290. Observa-se a partir dos resultados que o frigorífico com R290 apresenta um coeficiente de transferência de calor mais elevado do que o do fluido refrigerante R134a. Os resultados mostram que o valor médio do COP para o refrigerante R290 com isolamento de lã de vidro é 14,92% superior ao do frigorífico com o refrigerante R134a com isolamento de lã de vidro. Observa-se também que o valor médio do COP para o refrigerante R290 com isolamento de poliestireno é 4,76% superior ao do refrigerante R134a com isolamento de poliestireno.

[3]Neste estudo, é estudado o efeito de dois isolamentos diferentes no COP do frigorífico. Observa-se que, com o isolamento de poliestireno, o COP do sistema de refrigeração é mais elevado do que com o isolamento de lã de vidro. Observa-se que o COP do frigorífico com isolamento de poliestireno é 19,14% mais elevado com o refrigerante R134a e 8,89% mais elevado com o refrigerante R290.

[4]Observa-se neste estudo que a capacidade de retenção da temperatura do isolamento de poliestireno é mais elevada, uma vez que são necessários 428 segundos para o refrigerante R290 e 349 segundos para o refrigerante R134a para atingir a temperatura de 5^0 C a 10^0 C, em comparação com o isolamento de lã de vidro, que demora 321 e 312 segundos, respetivamente.

CAPÍTULO 8
ÂMBITO DE APLICAÇÃO FUTURA

O desempenho do frigorífico doméstico pode ser melhorado com a utilização de um material isolante eficaz, como demonstrado neste estudo. Para trabalhos de investigação futuros, podem ser estudadas as seguintes áreas;

❖ **Combinações de materiais de isolamento:** A combinação de dois ou mais materiais isolantes pode proporcionar um isolamento mais eficaz da secção do evaporador do frigorífico.

❖ **Isolamentos:** A utilização de diferentes isolamentos terá efeito no desempenho do sistema de refrigeração. Ao utilizar um isolamento eficiente, o calor absorvido do ambiente pode ser reduzido.

❖ **Combinações de materiais de isolamento e diferentes geometrias do material de isolamento:** A combinação de diferentes materiais de isolamento e de diferentes geometrias para reduzir a transferência de calor do ambiente para o evaporador também pode constituir uma solução eficaz para este problema.

CAPÍTULO 9
REFERÊNCIAS

1. Brent T. Griffith, Dariush Arasteh e Daniel Türler. "Melhoria da eficiência energética do frigorífico/congelador utilizando um protótipo de porta com um sistema de isolamento de painel cheio de gás". Publicado em Proceedings of the 46th International Appliance Technical Conference held at the University of Illinois at Urbana- Champaign.Energy (May 15-17, 1995)1-13

2. M.S Soylemez e Unsal "Optimum insulation thickness for refrigeration applications" Energy Conversion & Management 40(1999),(Received13 November 1997),13-21.

3. Dongsoo Jung, Kim, Kilhong, "Testing of propane/isobutane mixture in domestic Refrigerators", International Journal of Refrigeration 23 (2000) 517-527.

4. Gurumurthy Vijayan Iyer, "Experimental Investigations on Eco-Friendly Refrigeration and Air Conditioning Systems" Actas da 4ª Conferência Internacional da WSEAS sobre Mecânica dos Fluidos e Aerodinâmica, Elounda, Grécia, (21-23 de agosto de 2006), 445-450.

5. Sattar MA, Saidur R, and Masjuki H.H, "Experimental Investigation on the Performance of Domestic Refrigerator Using Isobutane and Mixture of Propane, Butane and Isobutene" 1st International Conference of the IET Brunei Darussalam Network, (26-27 May 2008), 1-10.

6. M. Mohanraj, S. Jayaraj, "Experimental investigation of R290/R600a mixture as an alternative to R134a in a domestic refrigerator", International Journal of Thermal Sciences 48 (2009) 1036-1042.

7. Abhishek Tiwari, R.C.Gupta, " Recent Development On Domestic Refrigerator", International Journal of Engineering Science and Technology (IJEST) ISSN : 0975-5462 Vol. 3 No. (5 May 2011), 4233-4239.

8. N.Austin, Dr.P.Senthil Kumar, N.Kanthavelkumaran, "Otimização termodinâmica do refrigerador doméstico usando propano -butano como refrigerante misto", Jornal Internacional de Pesquisa e Aplicações de Engenharia (IJERA) ISSN: 2248-9622 Vol. 2, Issue 6, (novembro-dezembro de 2012), 268-271.

9. Mehdi Rasti, Aghamiri, Mohammad-Sadegh, "Melhoria da eficiência energética de um frigorífico doméstico utilizando R436A e R600a como refrigerantes alternativos ao R134a", International Journal of Thermal Sciences 74 (2013) 86-94.

10. Sandip P.Chavhan, Prof.S.D.Mahajan, "A Review of an Alternative to R134a Refrigerant in Domestic Refrigerator", International Journal of Emerging Technology and Advanced Engineering (ISSN 2250-2459, ISO 9001:2008 Certified Journal, Volume 3, Issue 9), (September2013) 550-556.

11. Sreejith K., "Experimental Investigation of A Domestic Refrigerator Having Water-Cooled Condenser Using Various Compressor Oils", International Journal Of Engineering And Science Issn: 2278-4721, Vol. 2, Issue 5 (February 2013), Pp27-31.

ÍNDICE DE CONTEÚDOS

More
Books!

info@omniscriptum.com
www.omniscriptum.com
OMNIScriptum